既有高铁客站雨棚
钢结构检测鉴定一本通

主　编◎李　浩
副主编◎谢志远　蔡　恒　邹　勇

中国铁道出版社有限公司

2024年·北京

图书在版编目（CIP）数据

既有高铁客站雨棚钢结构检测鉴定一本通/李浩主编;谢志远,
蔡恒,邹勇副主编. —北京:中国铁道出版社有限公司,2024.1
ISBN 978-7-113-30594-9

Ⅰ.①既… Ⅱ.①李… ②谢… ③蔡… ④邹… Ⅲ.①高速
铁路-铁路车站-客运站-雨棚-钢结构-检测-鉴定 Ⅳ.①TU391

中国国家版本馆 CIP 数据核字(2023)第 187052 号

书　　名：**既有高铁客站雨棚钢结构检测鉴定一本通**

作　　者：李　浩

策　　划：王　健

责任编辑：王　健　　　　**编辑部电话：**(010)51873065

封面设计：尚明龙

责任校对：刘　畅

责任印制：赵星辰

出版发行：中国铁道出版社有限公司 (100054,北京市西城区右安门西街 8 号)

网　　址：http://www.tdpress.com

印　　刷：北京联兴盛业印刷股份有限公司

版　　次：2024 年 1 月第 1 版　2024 年 1 月第 1 次印刷

开　　本：710 mm×1 000 mm 1/16　**印张：**10.5　**字数：**181 千

书　　号：ISBN 978-7-113-30594-9

定　　价：65.00 元

编　委　会

前　言

随着国内高速铁路的全面建设与发展,高速铁路客站逐年增多,既有高铁客站的运营与维护需求也在逐年增大。高铁客站中的建筑主要包括高铁站房和雨棚,由于建筑外观设计的个性化,建筑结构形式趋于多样化发展,对建筑结构运营与维护的专业性要求在不断提高。而从另一个角度来看,高铁客站钢结构邻近铁路线路,钢结构的损坏可能会影响到行车安全,进而造成极其严重的影响。

定期对高铁客站钢结构进行检测鉴定是保障结构安全的重要手段。通过对既有高铁客站钢结构进行现场检测,可以发现结构中已经存在的安全隐患,及时采取有效措施,维护客站及行车安全,避免事故发生;通过检测后的结构分析与鉴定评级,可以评估结构整体可靠性及抗震性能,明确结构在服役期内满足安全承载及正常使用的要求,也可为结构的加固改造提供依据;通过建立 BIM 运维系统,可以将高铁客站钢结构的施工、运维等信息高度集成至统一系统,实现结构全生命周期的信息化。

2022 年下半年,在中国铁路广州局集团有限公司惠州房建公寓段的组织下,对深圳坪山站、饶平站站台雨棚进行了安全性检测鉴定,由于高铁客站不同于一般民用建筑,现场检测时发现,面向民用建筑的检测方法不能完全适用在高铁客站项目上。惠州房建公寓段通过以上两个项目,整理现场实际操作经验,将其与既有理论方法相结合,编写了本书,希望能为从事高铁客站钢结构检测鉴定的工程师提供技术上的支持与帮助。

　　本书的主要内容有：高铁客站钢结构检测鉴定的全部工作内容、现场检测方法、结构分析、鉴定评级以及 BIM 运维系统。

　　本书主要特色是：

　　(1)检测流程清晰：书中介绍了高铁客站检测工作的全流程，从进场前的准备工作到退场后的运维要求均有详细说明。

　　(2)检测方法全面：书中介绍了多种成熟、先进的检测方法，可以根据不同高铁客站的结构特点选择更为适用的方法。

　　(3)现场作业可操作性强：书中专门考虑了如何对在营运的高铁客站进行检测鉴定，便于实际工程参考使用。

　　(4)BIM 技术加持：书中介绍了 BIM 运维系统，符合建筑结构逐步实现数字化、信息化、智能化的发展方向。

　　因作者水平有限，难免有疏漏之处，还望读者指正。

作　者

2023 年 9 月

目　　录

1 既有高铁客站钢结构简介

1.1 铁路客站发展历程

自文明诞生以来,"交通"便是人类产生联系的亘古不变的纽带。"站"作为这条纽带相互交错的"节点",是人们停留、中转的场所,亦是集会、交流、共享的空间,甚至可以作为一种标志,为人们在空间和时间的旅途中指引前行的方向。交通的发展承载着一个地区、一座城市、一个国家经济发展的历史,经济的发展又反哺了交通。

1825 年,英国曼彻斯特和利物浦之间铺设了世界上第一条铁路,开辟了铁路运输的先河。自第一次工业革命后,铁路客运经历了长时间的积淀和发展,成为提高人类社会效率、改变生活方式的重要载体,高度浓缩人类社会文明进步的历史。

19 世纪到 20 世纪初,铁路运输业日益发展,尤其是长途客运和货运业务,使铁路客站的建设日臻成熟。与此同时,在半殖民地半封建社会的历史大背景下,近代铁路客站也被烙下了鲜明的时代印迹。这些客站往往采用中西合璧的建筑形式,价值颇高,亦是中国近代建筑史的重要组成部分。建成于 1930 年的老沈阳北站,位于今沈阳市和平区总站路,是继北京前门站、山东济南站后,由我国建筑师自己设计建造的当时国内最大的火车站。老沈阳北站采用半圆拱屋架混合结构(图 1-1)。中央为跨度 20 m、矢高 25 m、长 30 m 的半圆筒拱钢屋架,拱底用现浇混凝土的梁柱支撑。拱形从形式上可以看作是对近代老火车外形的提炼,因此常常被作为客站建筑的特殊结构语言。欧洲近代客站也大多采用拱形作为建筑造型,如芬兰首都赫尔辛基中央火车站,建成于 1914 年(图 1-2)。

新中国成立初期,公路运输伴随工业的发展而兴盛起来,尤其是高速公路的发展,使公路运输速度大幅增加,致使铁路运输受到较大的冲击。此时的铁路运输运量不大,功能单纯,客站的流线布局亦比较程式化,如北京站(图 1-3)、老保定站(图 1-4),多采用普通的混凝土屋盖,更强调其城市大门形象。20 世纪 70 年代以后,由于能源危机、技术革新、管理与服务的改善,以及城市交通结构的改变等,铁路运输迎来新的发展。改革开放的大背景促使了铁路运输与商业综合体的结合,极大地增加了运输体量,铁路客站也因此更注重与时俱进,展现城市时代风貌,体现现代化建设。伴随着建筑材料和结构体系的长足进步,新世纪的铁路运输进入了繁荣全盛时期,铁路客站利用最先进的建造技术及材料,以大跨度空间结构代替了原来规模宏大、历史文化色彩浓重的传统结构形式,以高架站房结构体系代替了运量有限的传统侧式站房(图1-5、图1-6)。为满足爆炸式增长的客运需求,大跨度钢结构如网架、网壳、空间桁架、张弦结构等结构形式被广泛运用在客站屋盖结构中。当代铁路客站也从单一运输作业场所升级为多元化的城市综合交通枢纽。

随着2008年第一条高速铁路建成运营,以北京南站为代表的一批与高速铁路相适应的铁路客站也相继建成,随着新观念、新技术在大型铁路客站中的系统研究和集成应用,与以往客站相比,其形式发生了根本的变化。这些新客站内部空间组织化繁为简,更为开阔和简洁,同时依托新型结构体系和钢结构的应用,建筑造型更加多样。而且,随着材料技术的发展、设计技术的创新以及建造技术的进步,高铁铁路站房建筑中大型复杂结构越来越多,跨度越来越大,如天津西站跨度达114 m,于家堡站跨度140 m,济南东站跨度156 m。

图1-1 老沈阳北站

图1-2 赫尔辛基中央火车站

图1-3 北京站

图1-4 老保定站

图 1-5　老杭州东站(侧式站房)　　　图 1-6　新杭州东站(上跨站房)

　　铁路客站的城市属性和文化内涵是其区别于其他建筑的重要特征。城市是建筑的城市,建筑是城市的建筑,因此,铁路客站建筑在注重自身经济、功能以及追求建筑美学价值的同时,还要重视与城市空间、历史文脉、地域特征等的关联。在许多文学作品中火车站被描述成一个具有两极特性的地方:这里是旅途的起点和终点,充满欢乐和悲伤;火车站是一座充满着静止与运动、矛盾的永恒建筑,人们在这座建筑中挥洒着离别的情怀,感受着一座城市对于离人的眷恋之情。铁路客站建筑更重视时代特征、地域自然特征,体现人文特色,已经成为当代铁路客站设计的一项重要评判标准,也是我国新时期铁路客站的形象特征之一(图 1-7、图 1-8)。

图 1-7　深圳坪山站　　　　　　　　图 1-8　饶平站

1.2　既有高铁客站结构形式

1.2.1　站房屋盖

　　近年来,随着现代交通网络体系不断完善健全,对铁路客站客流容量的要求也在逐年不断加大。铁路客站的结构形式由传统的梁、拱、桁架等平面结构体系发展到现代的网架、网壳、索网、索穹顶、张弦梁、弦支穹顶等结构体系,其覆盖的空间不断增大。现代大跨度空间结构体系可分为三大类,即刚性结构体系(如折板、薄壳、网架、网壳、空间桁架等)、柔性结构体系(如索结构、膜结构、索穹顶等)和杂交结构体系(如拉索-网架、拉索-网壳、张弦梁、弦支穹顶等)。根据结构的受力特性以及站房的功能需求条件,站房屋盖钢结构体系主要采用刚性结构体系(图 1-9)和杂交结构体系两种(图 1-10)。

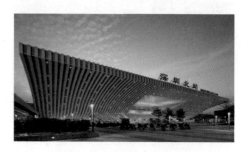

图 1-9　上海南站(桁架)　　　　　图 1-10　深圳北站(弦支网壳)

　　铁路客站的建筑造型往往具有深刻的文化属性,因而造型迥异。就其几何构成,铁路客站屋面的几何形态从总体上可分为平面、曲面,以及由多个曲面和平面组合形成的复杂屋面形态三类。因大跨度空间结构的受力特点和承载性能对形态的依存度较大,故对屋面几何形态的研究有助于产生结构体系原型,探索结构空间表现的规律性。总结我国新时期大型铁路客站站房的屋面形态,可以做以下分类:

　　(1)按投影形状,可分为矩形和圆形两大类,其中矩形占绝大多数;

　　(2)按剖面形状,矩形平面的包含平板形、折面形、弧面形、波浪形等;圆形平面的一般为穹顶形或锥形,平板形较少。

　　理论上讲,对于投影为矩形平面的屋盖,无论其剖面形态是平板形、折面形、弧面形或者波浪形,均可采用网架结构这类空间网格结构形式。其优点在于三维空间传力、承载性高,刚度较大且施工安装较方便;但其缺点在于杆件繁多、结构布置缺乏层次感和逻辑性,如不设吊顶,视觉感受较为凌乱。此外,站房都要求大面积采光带,若采用网架结构需在采光带位置做挖空处理,改变传力路径,使边界条件变得复杂。

1.2.2　雨棚屋盖

　　雨棚屋盖钢结构体系按立柱的位置可分为有柱雨棚(图 1-11)和无柱雨棚(图 1-12)。有柱雨棚是指立柱设立在站台上,雨棚屋盖一般采用悬挑的形式,常见于小型侧式站房。新时期大型客站的雨棚均采用无站台柱雨棚,即立柱设置在线路中间,站台无柱,大气美观,一览无遗。雨棚结构体系也以刚性结构体系和杂交结构体系为主,与站房屋盖结构相比,雨棚屋盖结构体系的特点为(图1-13):

　　(1)雨棚结构更适合采用多跨连续结构;

　　(2)雨棚为全开敞结构,属于风敏感结构,风荷载体型系数分布复杂,负风压较大,且存在变号的可能;

　　(3)受铁路运输安全的限制,雨棚柱网布置和尺寸受到站台、股道布置的影响。

　　因此,在设计时应注意:

　　(1)需要特别关注风荷载作用的响应分析;

　　(2)应充分发挥雨棚多跨连续的特点,减小雨棚设计挠度,提高结构效率;

　　(3)多跨连续结构的雨棚支座存在反弯矩区域,应在设计中充分考虑和分析。

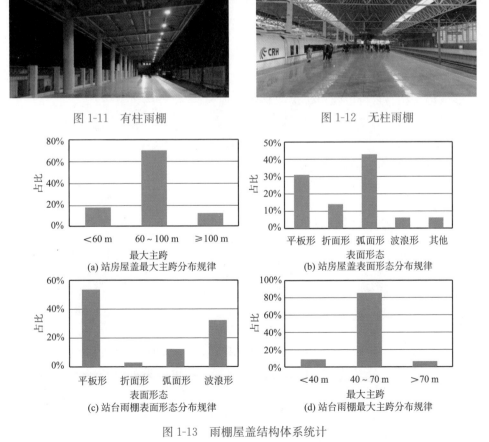

图1-11　有柱雨棚　　　　　　　图1-12　无柱雨棚

(a) 站房屋盖最大主跨分布规律

(b) 站房屋盖表面形态分布规律

(c) 站台雨棚表面形态分布规律

(d) 站台雨棚最大主跨分布规律

图1-13　雨棚屋盖结构体系统计

1.2.3　结构布置

铁路客站建筑的结构布置可分为主结构布置、次结构布置和立面结构布置，合理的结构布置既要满足结构自身的受力要求，又要保证建筑与结构的协调统一，同时又不影响其他功能的正常使用。

主结构布置涉及结构体系选型，主要制约于建筑造型、股道布置、客站设备等。铁路客站发展进入回归理性期后，已建或在建客站的跨度与柱距都已调整到合适的大小，而不是无止境的追求大跨度，且柱网的布置富有规律性，对应的主结构布置也随柱网在纵向单榀重复，形成铁路客站钢屋盖长度方向上的规律化延伸。

次结构布置是在主结构既定的基础上需要考虑的问题，如次梁布置。次结构的布置主要需考虑：

(1)屋面采光系统。次结构布置应尽量避开屋面采光带，若穿过采光带，则应保证建筑功能效果且不显得凌乱复杂。

(2)保证主结构构件的平面外支撑。

(3)为主结构构件提供面内联系，增加整体面内刚度。

(4)注意跨度、间距和高度的协调统一。

立面结构布置可以影响建筑的整体表现比例、尺度感以及设计品质，是建筑的"灵魂"所在。立面结构布置需要注意：

(1)简洁。注重建筑效果的契合度，但不要过于复杂。

(2)传力路径明确直接。

(3)与幕墙系统协调统一考虑。

1.3　高铁客站钢结构的特殊性

高铁客站钢结构不同于一般民用建筑中的钢结构，由于临近铁路线路，钢结构的损坏可能会影响到行车安全，造成极其严重的后果。铁路客站钢结构的特殊性在于以下几个方面：

(1)高铁客站钢结构主体多为大跨度结构

北京南站、上海虹桥站、天津西站、济南西站等站房的屋盖跨度在 $50\sim114$ m 之间，站台雨棚跨度在 40 m 左右，近年来新建成的济南东站，其跨度更是达到了 156 m，为目前国内跨度最大的钢结构客站。这些钢结构体系呈现出大体量、大跨度、结构形式新颖的特点，不仅在设计和施工方面存在较高的技术难度，竣工交付后如何进行有效的管理维护也是使用单位面对的新问题，且铁路综合交通枢纽客站以及站台雨棚等,皆为人流密集场所,公众关注度高,一旦发生重大结构安全事故,会造成严重影响。

(2)高铁客站钢结构二次结构复杂

高铁客站站房及雨棚建筑是对外展示当地形象的窗口,因此美观要求较高。在具体工程中,吊顶、屋面板造型、檐口、干挂石材、幕墙等皆通过二次结构的形式与主体钢结构连接,以满足造型美观的要求。这些连接多为自攻螺钉或是专用卡件,构造复杂,受力关系不明确,且多为内部构造,属于隐蔽工程,表观不易察觉,十分容易造成二次结构在外力的作用下,连接失效,造成严重后果。

(3)高铁客站站台雨棚钢结构后期检测检修困难

以往的设计中,无站台柱雨棚以及天桥等结构高度较高,距离轨面为 $10\sim$ 15 m 左右,且在站台范围内接触网与雨棚柱合建,雨棚屋面、天桥等位于接触网之上。目前设计中的检修通道和检修措施等,不能保证检修通道到达每一个角落,这使得位于线路上方的部分由于柱子较高以及接触网的影响,高空检修作业十分困难。此外,铁路系统为不间断运行,能够利用的检修时间,仅为凌晨 $3\sim4$ h 的"天窗"时间,这么短的时间完成脚手架搭设、防护措施架立、施工以及清场等环节,其难度极大。

(4)列车运行、自然风以及人群等因素对客站钢结构的影响不能忽略

相比其他民用建筑钢结构,高速列车对铁路站房钢结构的影响十分显著。站台雨棚屋面会受到不同程度列车风和列车轨道振动的影响,产生有害的变形和振动,严重的还会产生共振,对铁路运行造成很大危害。自然风对客站钢结构,尤其是屋面、檐口等二次结构的安全也会产生较大的影响,对于处于沿海地区、地势较高地区以及易遭受异常天气的地区客站钢结构,其影响更加突出。高铁客站屋盖、无站台柱雨棚等通常采用大跨度空间结构,覆盖面积大,结构体系较柔,对风荷载比较敏感;此外,钢结构檐口、屋面板、雨棚吊顶等部位,其构造较复杂,在局部风荷载的作用下,易产生破坏并脱落,如落到接触网等设施上,会造成严重的铁路事故,影响铁路运行的安全。

1.4 存在的问题

既有高铁站房钢结构目前还存在不少问题,主要来源于钢结构行业及钢结构自身。

(1)钢结构标准及应用规范滞后,与当前发展不完全配套。

(2)钢结构建筑设计在防火、防腐、保温、隔声、防震方面的设计尚不够成熟。

(3)既有高铁客站普遍存在不同程度的缺陷(图 1-14),如初始缺陷、边界条件

不一致、损伤、涂层脱落和锈蚀问题。特别是沿海一带的客站和轨道线路上方的雨棚钢结构,构件外露,直接受大气环境因素影响,涂层脱落和锈蚀尤为严重。

(a) 涂层脱落　　　　　　　　　　　　　　　　(b) 锈蚀

(c) 构件初始缺陷　　　　　　　　　　　　　　(d) 裂纹损伤

(e) 边界条件不一致　　　　　　　　　　　　　(f) 构件损伤

图 1-14　既有高铁客站结构部分问题

(4)钢结构设计冗余度相对混凝土较低,现场安装施工时有与设计不一致的问题,对结构安全造成较大隐患。

（5）行业协会的作用和功能未完全到位。特别在引导和规范市场秩序、服务企业、标准规范编制和人才培养上，仍有很大空间可以发挥作用。

（6）高铁客站大跨度空间钢结构方案部分结构形式和构造连接过于复杂，给制作安装带来困难。

（7）受制于目前建筑行业工业化和信息化发展的相对落后，高铁客站从前期规划、建筑设计、结构设计到深化、安装、运维，全过程全生命周期的信息不互通、模型不共享、沟通和交底障碍大，从理念到落地存在大量信息传递丢失问题，给后期建筑结构的运营和维护工作带来巨大的障碍。

1.5　检测鉴定的必要性

目前，钢结构检测技术日趋成熟和先进，有关钢结构工程检测的标准、规范相继发布、施行，钢结构检测工作进一步规范化，对评估结构安全性起到了良好的现实引领。

与混凝土结构相比，钢结构构件截面尺寸小、板壁薄，在加工制作过程中易产生几何偏差、变形乃至残余应力等初始缺陷，同时，钢构件在现场安装过程中也易产生施工误差等缺陷，这就使得钢结构在使用过程中不可避免地存在各种初始缺陷。

另外，钢结构易锈蚀，使用过程中受环境腐蚀影响大，如果不定期维护或维护不当，造成防腐涂层破坏失效，将导致钢结构锈蚀。构件钢材的锈蚀将削弱构件的有效面积并造成损伤，甚至改变构件材性，直接影响构件受力或承载能力。同时，钢构件防火需要外涂或包裹，如果防火涂装损坏或失效，将影响其抗火能力。

不同于混凝土结构，钢结构的节点是非常重要的部件，其构造相对复杂，易产生制作安装误差，易出现缺陷、变形或损伤，直接影响传力机理。

上述缺陷及外涂装保护，直接影响钢构件在使用过程中的受力性能。相对于混凝土结构，钢结构整体刚度相对较弱，同时由于钢构件壁薄纤细、受压时易失稳，钢结构的受力特征与承载能力对结构缺陷与构件节点损伤较为敏感，因此，要及时了解钢结构的工作状态、受力与安全特征，就需要对钢结构、构件、节点的状态、缺陷、损伤等及时进行检测，并根据检测结果进行计算判定。综上所述，钢结构检测的必要性在于：

（1）钢结构工程质量事故和安全事故时有发生；

（2）钢结构的结构特点，决定了钢结构在稳定性、节点构造、防腐防火等方面存在隐患，其中任一环节出现问题，对整个结构影响巨大；

（3）与混凝土的结构冗余度高不同，钢结构的冗余度在某些情况下相对较小，

一个杆件、节点的破坏,都可能导致一个结构单元的破坏;

(4)钢结构整体刚度较弱,受压易失稳,受力特征与承载能力对结构缺陷与构件及节点损伤较为敏感;

(5)钢结构的发展不断对结构提出新的要求,都需要重新对结构进行检测;

(6)灾后安全检测是保证结构能继续使用的前提条件;

(7)在建筑结构完全工业化和信息化之前,现场检测是唯一能够较完整获取结构全量或增量信息的途径。

2 检测鉴定概述

2.1 检测鉴定目的

钢结构在制作、安装和使用过程中，由于材料、技术、外部环境、灾害或人为事故等原因，可能会出现各种影响结构安全或正常使用的问题。为了保证钢结构的正常、安全使用，就需要确保及了解钢结构的工作状态。为此，在日常使用过程中或发生灾害或事故后，应及时对钢结构体系进行合理正确的检测鉴定，以正确评估结构的安全性、工作性能，并为维护、加固或拆除提供依据，同时，也应使钢结构的检测和鉴定有章可循，并改现有的技术和标准，促进技术进步。

当遇到下列情况之一时，应进行既有钢结构的检测鉴定：

(1)钢结构安全鉴定；

(2)钢结构大修前的安全性鉴定；

(3)建筑改变用途、改造、加层或扩建前的鉴定；

(4)受到灾害、环境侵蚀等影响的鉴定；

(5)对既有结构安全性有怀疑或争议的情况。

2.2 检测鉴定内容

钢结构检测鉴定按目的不同可分为安全性、适用性和耐久性鉴定。安全性鉴定用于评定结构构件节点的承载能力；适用性鉴定评定结构构件正常使用状态下的变形和位移；耐久性鉴定用于评定结构构件受环境侵蚀、材料性能劣化等导致的结构耐久程度下降情况。进一步细分后，检测鉴定内容(表 2-1～表 2-3)包括：

(1)建筑复核：建筑功能复核、建筑布置复核；

(2)结构检测：结构布置复核、荷载工况调查、边界条件调查、整体变形检测；

(3)构件检测：构件选型复核、构件尺寸复核、材料强度检测、构件变形检测、构件腐蚀损伤检测；

(4)节点检测：节点连接选型复核、构造尺寸复核、焊缝质量检测、腐蚀损伤检测；

(5)原设计结构安全性校核；

(6)引入实测缺陷后的既有结构安全性验算。

表 2-1 结构整体检测项次

检测项次	检测内容	检测方式	检测目的
建筑复核	轴线间距复核	全站仪、激光测距仪测量	复核建筑轴网布置、间距是否与设计相符
	雨棚梁底标高、檐口标高复核	全站仪测量	复核主要建筑高程，如雨棚梁底、檐口等是否与设计相符
	雨棚修缮历史调查	询问、资料调查	核查修缮内容，是否改变建筑功能
	建筑功能核查	巡视观测	复核建筑功能是否与设计相符，如有功能变化是否影响雨棚使用荷载

检测意义：建筑轴网、建筑高程的改变，历史修缮工程，都有可能导致车站雨棚建筑外形和使用功能的变化。复核雨棚建筑布置、功能与原设计的一致性，目的为核查雨棚的正常使用荷载工况是否发生变化，如正常使用荷载大于原设计荷载，可能导致原设计构件承载能力不足，影响结构安全

检测项次	检测内容	检测方式	检测目的
结构复核	结构平面布置和竖向布置复核	相机拍照、巡视观测	复核各类结构构件的平面布置是否与设计相符，核查雨棚重力荷载传力路线是否与设计相符
	支撑系统复核	相机拍照、巡视观测	复核支撑构件的布置是否与设计相符，核查雨棚屋盖整体稳定控制措施是否与设计相符
	荷载工况调查	相机拍照、巡视观测	结合建筑复核结果，核查雨棚结构承受的荷载工况是否与设计相符
	结构边界条件调查	相机拍照、巡视观测	结合建筑复核结果，核查雨棚结构的边界条件是否与设计相符，是否与周边建筑存在连接关系

检测意义：结构构件尤其是支撑构件布置方式的改变，可能导致车站雨棚整体承载能力的变化。核查雨棚结构的荷载工况、边界条件与原设计的一致性，为后续的结构安全承载力计算复核提供荷载与边界条件

检测项次	检测内容	检测方式	检测目的
结构整体变形	整体挠曲变形测量	全站仪测量	复核结构整体挠度、倾斜、相对不均匀沉降是否超过相关标准限值要求
	整体侧向倾斜测量	全站仪测量	
	钢管混凝土柱的不均匀沉降测量	全站仪测量	

检测意义：结构整体变形检测结果可以反映雨棚钢结构的安全状态，如变形值超出规范限值，一方面可能影响结构的正常使用功能，另一方面可能改变各构件的受力状态，导致承载力不足，影响结构安全。发现检测结果出现明显超出规范限值的变形值时，应及时采取措施，防止结构变形的进一步扩大。同时，结构整体变形值应作为既有雨棚结构的几何缺陷，引入后续的雨棚结构计算模型，对既有雨棚结构的安全承载力和变形进行计算复核

表 2-2　主要构件检测项次

检测项次	检测内容	检测方式	检测目的
构件选型	截面形式复核	相机拍照、巡视观测	复核雨棚主要钢构件的截面形式是否与设计相符
构件尺寸	截面尺寸测量	超声波测厚仪、卷尺测量	复核雨棚主要钢构件的截面尺寸偏差是否符合相关钢型材产品标准要求
构件钢材强度	钢材硬度测量	里氏硬度计试验	复核雨棚主要构件的钢材强度等级,是否与设计相符
构件变形	框架梁挠度测量	全站仪测量	测量框架梁的最大挠度,复核挠度变形是否超过相关标准限值要求
	框架柱倾斜测量	全站仪测量	测量框架柱的倾斜率,复核倾斜变形是否超过相关标准限值要求
构件涂层厚度	表面涂层厚度测量	涂层测厚仪量测	复核涂层厚度代表值是否与符合相符,厚度偏差是否超过相关标准限值要求
构件腐蚀和损伤	检测钢材锈蚀情况及其他原因造成的损伤	相机拍照、巡视观测	全数普查主要构件的外观质量后,对存在锈蚀的构件测量钢材腐蚀损伤程度,对存在局部变形的构件测量变形尺寸,对存在裂纹的构件测量裂纹尺寸

检测意义:对主要构件的抽样检测,可以反映既有雨棚主要构件与设计的符合程度,包括截面形式和尺寸、钢材硬度和涂层厚度。如与设计有明显不一致,如钢材强度等级低一级以上,会导致构件承载能力不足,或变形超出限值不满足使用要求,影响结构安全与使用。发现该类问题时,应与构件变形、构件腐蚀和损伤等检测结果,一起作为构件缺陷,引入后续的雨棚结构计算模型,对既有雨棚结构的安全承载力和变形进行计算复核,并根据计算结果对既有雨棚结构构件进行安全性评级

表 2-3　关键节点检测项次

检测项次	检测内容	检测方式	检测目的
节点选型	节点形式复核	相机拍照、巡视观测	复核雨棚关键钢节点的构造形式是否与设计相符
节点连接尺寸	节点连接构造尺寸	卷尺、游标卡尺、焊缝尺规量测	复核雨棚关键钢节点的构造尺寸是否与设计相符
节点钢材强度	钢材强度测量	里氏硬度计试验	复核雨棚关键节点零部件的钢材强度等级,是否与设计相符
节点连接腐蚀与损伤	焊缝检测	超声波探伤仪、渗透剂、现象剂检测	对焊缝外观质量(腐蚀状况)进行排查,对接焊缝的内部缺陷进行超声波探伤,对角焊缝的表面裂纹或缺陷进行检测
	螺栓检测	相机拍照、巡视观测	对螺栓连接变形及损伤和腐蚀状况进行排查,其中变形和损伤包括螺杆断裂、弯曲,螺栓脱落、松动、滑移,连接板栓孔挤压破坏等

检测意义:通过对关键节点抽样检测,可以反映既有雨棚关键节点与设计的符合程度,包括节点形式、构造尺寸和钢材硬度。如与设计有明显不一致,如节点形式不同,会导致节点承载能力不足,或节点构造不满足规范要求,影响结构安全。发现该类问题时,应按实测节点形式,对该类型雨棚关键节点的承载力和变形进行计算复核。根据关键节点的计算结果,结合焊缝焊接质量与螺栓连接质量的检测结果,对既有雨棚关键节点进行安全性评级

2.3　检测鉴定依据

对于原设计结构校核,应使用设计当年所依据的标准规范进行校核。当结构因改造、功能发生变更时进行检测,变化的部分应按现行标准规范校核。当验算引入实测缺陷后的既有结构时,应按现行标准规范进行评定。常用检测鉴定技术标准包括:

(1)《高耸与复杂钢结构检测与鉴定标准》(GB 51008);

(2)《建筑结构检测技术标准》(GB/T 50344);

(3)《钢结构现场检测技术标准》(GB/T 50621);

(4)《建筑变形测量规范》(JGJ 8);

(5)《钢结构工程施工质量验收标准》(GB 50205);

(6)《建筑结构可靠性设计统一标准》(GB 50068);

(7)《建筑结构荷载规范》(GB 50009);

(8)《工程结构通用规范》(GB 55001);

(9)《钢结构设计标准》(GB 50017);

(10)《钢结构通用规范》(GB 55006);

(11)《建筑抗震设计规范》(GB 50011);

(12)《建筑与市政工程抗震通用规范》(GB 55002);

(13)《工程测量通用规范》(GB 55018);

(14)《焊缝无损检测　超声检测　技术、检测等级和评定》(GB/T 11345);

(15)《焊缝无损检测　超声检测　验收等级》(GB/T 29712);

(16)《焊缝无损检测　磁粉检测》(GB/T 26951);

(17)《焊缝无损检测　焊缝磁粉检测　验收等级》(GB/T 26952);

(18)《无损检测　渗透检测　第1部分:总则》(GB/T 18851.1);

(19)《焊缝无损检测　焊缝渗透检测　验收等级》(GB/T 26953);

(20)《焊接H型钢》(GB/T 33814);

(21)《结构用无缝钢管》(GB/T 8162);

(22)《结构用直缝埋弧焊接钢管》(GB/T 30063);

(23)《金属材料　里氏硬度试验　第1部分:试验方法》(GB/T 17394.1);

(24)《金属材料　里氏硬度试验　第2部分:硬度计的检验与校准》(GB/T 17394.2);

(25)《金属材料　里氏硬度试验　第3部分:标准硬度块的标定》(GB/T 17394.3);

(26)《金属材料　里氏硬度试验　第4部分:硬度值换算表》(GB/T 17394.4)。

2.4　检测鉴定流程

既有高铁客站钢结构检测鉴定程序可按图 2-1 进行。

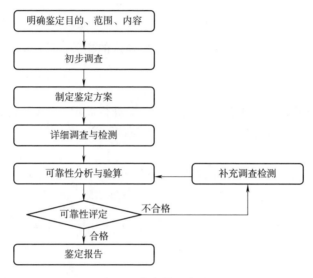

图 2-1　安全性鉴定流程

1. 明确鉴定目的、范围、内容

确定鉴定目的、范围和内容,应了解委托方的需求。

2. 初步调查

初步调查主要包括:资料调查、历史调查和现场踏勘,并根据调查和踏勘结果指定详细调查及检测的工作方案。

3. 制定鉴定方案

鉴定方案应包括:进度计划、需委托方提供配合的内容、检测所需要的条件。鉴定方案应满足委托方的鉴定目的要求,同时也要满足鉴定标准和检测标准的技术要求。

4. 详细调查

详细调查包括七部分:有关文件资料调查、作用和环境调查、结构现状检查、结构变形和裂缝检测、地基变形调查或检测、材料性能和几何参数检测以及维护系统的安全状况和使用功能检查。

现场详细调查与检测必须全面且规范,查清隐患缺陷,获取结构的实际参数,为结构分析与评级提供数据和依据。

5. 安全性分析与验算

分析和验算时,除要遵照有关标准规范外,荷载取值和结构参数应结合设计取值和实际检测结构共同确定,并且还应对存在的问题(如振动、开裂、变形等)进行原因分析。

6. 补充调查检测

整理数据和结果过程中,当发现有数据异常、数据离散度太大以至于需要重新划分批次,或者在评级过程中有需要再次确认的相关内容时,应进行补充调查和检测。

7. 安全性评定

按照现行国家标准,建筑安全性分三层次进行评定,可以根据需要只对安全性或适用性进行评定,并也可只进行到某个层次评定。

8. 鉴定报告

鉴定报告应包含:项目概况、鉴定目的和范围、详细调查和分析结果、评级结果、结论建议等。鉴定报告应内容翔实准确,条理清晰。

3 调 查

3.1 资料调查

在实施检测作业前,应对既有资料进行完备性和正确性调查。一般调查的资料范围包括:
　　(1)建筑设计图;
　　(2)结构施工图;
　　(3)结构竣工图;
　　(4)设计模型;
　　(5)修缮历史;
　　(6)历史检测数据。
　　资料调查的目的是:校核原设计结构的结构体系、构件节点选型,确认设计无安全性问题;获取修缮历史和检测历史资料,获取本次检测的初始条件;熟悉建筑和结构布置、传力机制、关键部位或部件,为检测提供先决条件。

3.2 场地环境

场地环境指结构所在位置的外部条件,及其对结构本身的影响,或者对检测工作的影响,如:
　　(1)列车振动和列车风;
　　(2)吊顶和围护遮挡;
　　(3)检修通道、检测机具运输通道、登高措施;
　　(4)灯光照明等其他作业条件。
　　应根据调查的场地环境合理制定检测实施方案计划。必要时,结构评估时应根据实际的调查数据确定场地条件。

3.3　边界条件

结构的边界条件既涉及责任主体的范围,同时也是后期结构评估的依据。全面、准确的边界条件调查是客观、准确获得结构评估结论的前提。边界条件包括但不限于物理边界、力学边界和作用边界:

(1)在实施作业前,应对建筑结构单元进行划分,如通过调查结构的伸缩缝、变形缝和沉降缝等,确认结构单元边界。

(2)调查确认上部结构和基础地基的连接和等效方式,如检测范围是整体结构的一部分(如高铁站房的雨棚钢屋盖),则应调查确认其余其他结构部分的连接边界及其等效方式。

(3)通过踏勘、巡视、目测的手段:确认构件边界条件有无明显变化,如长圆孔壁承压、销轴耳板锁闭、节点构造未按图施工等情况;确认支座节点是否正常工作,如支座分离等情况。

以深圳坪山站为例,调查发现,站房大屋面弧形立面框架梁采用外露式柱脚,并设置抗剪键,铰接约束;弧形立面边部钢梁 GL4 与框架梁节点处焊缝断裂、螺栓缺失,如图 3-1 所示。

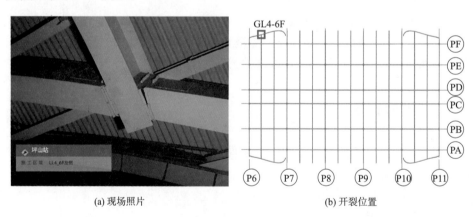

(a) 现场照片　　　　　　　　　　　(b) 开裂位置

图 3-1　钢梁节点 GL4-6F 开裂

3.4　荷载作用

在结构承载力验算时需要明确结构上作用的荷载大小、方向和作用点,因此,荷载调查可包含下列内容:

（1）永久荷载

恒载的标准值可按检测得到实际尺寸及材料单位体积的自重确定,也可按设计厚度取值,按材料容重和厚度计算其永久荷载标准值;计算填充墙体立面的自重时应包括装修层,并考虑门窗洞口材料差异。

（2）可变荷载

楼面活荷载、屋面活荷、载风荷载、雪荷载等可变荷载均应按《建筑结构荷载规范》(GB 50009)选取,楼面活荷载按荷载规范根据使用功能进行查表确定,屋面活荷载根据是否上人确定,风荷载、雪荷载的标准值可按使用年限确定。温度作用一般按竣工图的设计总说明取值,如果现场调查发现结构不同部位因空调、日晒等作用产生显著温差时,应对现场实际温度进行检测,并引入既有结构安全性验算。

（3）设备荷载

高铁客站涉及的设备可能包括灯牌、指示牌、音箱设备、电力设备、运输设备等。现场检查设备的位置、安装方式等,位置和质量不变的设备,可按现行结构设计规范恒载设计值的方法确定,等效荷载根据设备有关参数按荷载规范确定。

（4）灾害作用

灾害作用一般指地震作用、飓风龙卷风、灾害泥石流等。当通过现场环境勘察后确认无其他灾害风险时,一般只考虑地震作用,按照建筑所在场地的地震烈度和场地类别确定地震作用。

4 测点布置

4.1 测点布置原则

检测项次对应的基本布置原则[1-2]见表 4-1。为了保证各类测点对结构整体状态具有代表作用,选择的样本最小容量见表 4-2。

表 4-1　测点布置基本原则

检测项次	布置原则
材　料	测点或样品具有代表性;样品宜以结构有损伤或破损的部位为主; 应保证试样材料的原有性能不变
尺　寸	应包括所抽样构件节点的全部几何尺寸,每个尺寸在构件的 3 个部位测量
腐蚀损伤	结构构件、支座节点和连接等可见缺陷和可见损伤部位应全数覆盖检测
焊缝连接	抽样位置应覆盖结构的关键受力部位、大部分区域以及不同的焊缝连接形式
螺栓连接	抽查位置应覆盖结构的大部分区域以及不同连接形式的区域; 同类节点总数不足 10 个时,应全数检查
变　形	结构变形检测通过选取不同结构单元的具有代表性的构件进行; 构件变形检测应覆盖结构的关键传力路径、大部分区域; 发生明显位移、变形和偏差的结构构件应全数覆盖检测

表 4-2　建筑结构抽样检测的样本最小容量

检测批的容量	类别和样本最小容量		
	A	B	C
3～8	2	2	3
9～15	2	3	5
16～25	3	5	8
26～50	5	8	13
51～90	5	13	20
91～150	8	20	32
151～280	13	32	50

续上表

检测批的容量	类别和样本最小容量		
	A	B	C
281～500	20	50	80
501～1 200	32	80	125
1 201～3 200	50	125	200
3 201～10 000	80	200	315
10 001～35 000	125	315	500
35 001～150 000	200	500	800
150 001～500 000	315	800	1 250

注:A类——既有结构一般项目检测,适用于图纸齐全,资料完整的工程;

　　B类——既有结构重要项目检测;

　　C类——存在问题较多的既有结构的检测。

4.2　测点布置图

4.2.1　目　的

测点布置图是根据调查资料、现场踏勘情况、结构体系和传力模式等因素综合制定的,其本质目的是给现场作业人员提供的一份既有结构数据的需求,现场检测人员根据需求进行作业,并反馈成果。因而,测点布置图也承担了内业和外业的沟通载体的作用。

4.2.2　布置图的基本要素

1.结构底图

根据结构设计竣工图,删除与检测范围无关的附属部件、注释文字,统一底色,形成涵盖结构平面布置和立面布置的底图。

2.轴网

注明涵盖检测范围的轴网体系,便于现场比对查找测点位置。

3.测点图例

图例通识,根据一般检测的经验,可采用图 4-1 的样例,也可根据自身的情况,采用其他统一的标识。

4.测点标注

应在测点图例下方注明测点编号、测点相对于构件起始点的距离。

图 4-1　测点图例

5. 抽样构件和节点

抽样构件和节点用鲜明的颜色标注或加粗。

4.2.3　案　例

深圳坪山站高跨雨棚屋面部分框架梁 GL1 和梁间交叉支撑测点布置,检测内容分别为材料强度、截面尺寸和涂层厚度,如图 4-2 和图 4-3 所示。

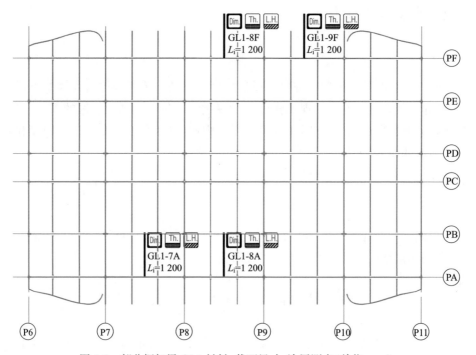

图 4-2　部分框架梁 GL1 材料、截面尺寸、涂层测点(单位:mm)

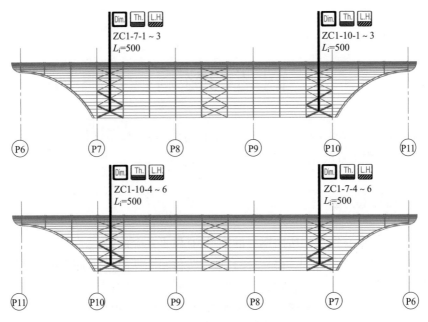

图 4-3　交叉支撑测点(单位:mm)

5 钢结构材料检测

在既有钢结构鉴定中,应了解结构用钢材的钢号,检验钢材的力学性能和化学成分,确定强度计算指标,评价其是否满足要求。

5.1 钢号检验

为了了解既有钢结构所用钢材的钢号,有以下几个途径:

(1)当结构设计和施工资料完整且被检验材料的性能指标随时间变化的影响可以忽略不计时,可按下列情况之一确定材料的性能指标:

①在施工资料中查阅材料质量证明书或材料复验报告;

②查阅竣工图;

③查阅以前的结构检测鉴定报告;

④对设计施工质量较好的结构,可参考原设计图。

(2)当结构设计资料和施工资料丢失或被检验材料的性能指标随时间变化的影响不可忽略时,可在结构构件上直接取样进行材料性能试验,或采用其他无损检测的方法。

通过材料性能试验确定钢号时,一般应进行力学性能试验和化学成分分析。然后,根据试验分析结果、参照结构建成年份、通过与当时的材料标准对比,确定钢号。我国各时期采用的钢材标准及其对应的钢结构常用钢材的钢号见表5-1。

钢结构所用钢材主要是普通碳素钢和强度较高的低合金钢,在一些特殊情况下,还采用性能较好的桥钢、优质碳素钢等。钢材冶炼方法有平炉、氧气顶吹转炉、侧吹碱性转炉等,早期钢结构主要采用平炉钢,现代钢结构主要采用氧气顶吹转炉钢。钢材按脱氧方法还分为沸腾钢、镇静钢和半镇静钢。

按照以前的标准选用钢材时,需要指明附加保证项目、冶炼方法(平炉或转炉)和脱氧方法(镇静钢、半镇静钢或沸腾钢)。按照现行国家标准《碳素结构钢》(GB/T 700—2006)[3]和《低合金高强度结构钢》(GB/T 1591—2018)[4]选用钢材时,根据需要选用不同的质量等级和脱氧方法,不需指明保证项目和冶炼方法。

表 5-1　我国各时期的钢材标准和钢结构常用钢材的钢号

钢材种类	标准代号	钢　号	注　释
普通碳素钢	ГОСТ 380—50	CT0、CT2、CT3	苏联标准,包括平炉钢、侧吹转炉钢和镇静钢、沸腾钢
	ГОСТ 380—60	CT2、CT3	
	GB 700—1965	A3、A3F、AD3、AD3F	A 表示按机械性能供应;D、Y 表示氧气顶吹转炉钢,不带 D 或 Y 的为平炉钢;数字 3 表示 3 号钢;F 表示沸腾钢,不带 F 的为镇静钢
	GB 700—1979	A3、A3F、AY3、AY3F	
	GB/T 700—1988	Q235-A、Q235-AF、Q235-B、Q235-BF、Q235-C、Q235-D	Q 为屈服点"屈"字汉语拼音首位字母;235 为屈服点数值;A、B、C、D 表示质量等级;F 表示沸腾钢,不带 F 的为镇静钢
	GB/T 700—2006(现行)	Q235-A、Q235-AF、Q235-B、Q235-BF、Q235-C、Q235-D	Q 为屈服点"屈"字汉语拼音首位字母;235 为屈服点数值;A、B、C、D 表示质量等级;F 表示沸腾钢,不带 F 的为镇静钢
桥用碳素钢	ГОСТ 6713—1953	M16C	强度级别相当于 3 号钢,性能较好
优质碳素钢	GB 699—1965	20 号钢	强度级别相当于 Q235,用于无缝钢管
	GB 699—1988		
	GB/T 699—1999	20 号钢	强度级别相当于 Q235,用于无缝钢管
	GB/T 699—2015(现行)	20 号钢	强度级别相当于 Q235,用于无缝钢管
低合金钢	ГОСТ 5058—1949	НЛ1、НЛ2	苏联标准
	YB 13—1969	16Mn	Mn 为锰元素,V 为钒元素
	GB 1591—1979	16Mn、15MnV	
	GB 1591—1988	16Mn、15MnV	
	GB/T 1591—1994	Q345、Q390、Q420	Q 为屈服点"屈"字汉语拼音首位字母;数字表示屈服点数值;数字后加 A、B、C、D、E 表示质量等级
	GB/T 1591—2008(现行)	Q345、Q390、Q420	Q 为屈服点"屈"字汉语拼音首位字母;数字表示屈服点数值;数字后加 A、B、C、D、E 表示质量等级
桥梁用低合金钢	YB 168—1970	16Mnq	Mn 为锰元素,V 为钒元素,q 表示桥梁用钢
	YB/T 10—1981	16Mnq、15MnVq	

5.2　表面硬度法推断钢材强度

随着建筑结构检测技术的发展,对于不能或不便取样的构件的钢材力学性能进行现场无损检测显得越来越有必要。研究表明,金属硬度与强度之间存在确定的对应关系。里氏硬度法推断钢材抗拉强度是一种无损检测技术,是一种动态硬度测试方法。

5.2.1　里氏硬度计原理

钢材的硬度和强度之间存在对应关系,具体可参照现行国家标准《黑色金属硬度及强度换算值》(GB/T 1172—1999)[5],测得钢材硬度后,可根据该标准的测强曲线换算得到钢材抗拉强度。

里氏硬度计是根据弹性冲击原理制成的,用于测定金属材料的硬度。硬度计由冲击装置和显示装置两部分组成,其特点是:硬度值由数字显示,且体积小、重量轻,可以手握冲击装置直接对被测材料和工件进行硬度检验,特别适用于不易移动的大型工件和不易拆卸的大型部件及构件的硬度检验。因此,用来检测建筑结构用钢的硬度非常方便。

用硬度计的冲击装置,将冲击体(碳化钨或金刚石球头)从固定位置释放,冲击试样表面,测量冲击体在距试样表面 1 mm 处时的冲击速度与反弹速度,则冲击试样的里氏硬度值可以用冲击体反弹速度与冲击速度之比来表示,计算公式如下:

$$HL=1\ 000\times\frac{v_R}{v_A} \tag{5-1}$$

式中　HL——里氏硬度值(HL);

　　　v_R——球头的冲击速度(m/s);

　　　v_A——球头的反弹速度(m/s)。

里氏硬度计可配置六种不同的冲击头,即 D 型、DC 型、DL 型、C 型、G 型和 E 型,其中 D 型冲击头为基本型,适用于普通硬度测试,其余五种用于各种特殊场合的硬度测试。不同的冲击头,里氏硬度计测量结果的表示方法不同。如采用 D 型头测量,则结果记为××HLD;如果是 C 型头,则结果记为×××HLC。

影响里氏硬度计硬度测试结果的因素很多,其中主要有试件表面曲率半径、表面粗糙度、试样重量、试样厚度及表面硬化层厚度、测试角度、冲击头类别、试样的应力状态等。

5.2.2　适用范围

表面硬度法适用于估算结构中钢材抗拉强度的范围,不能准确推定钢材的强度。对重要结构的无损检测,特别在不具备取样条件的情况下,优先采用里氏硬度法。由于里氏硬度法是通过里氏硬度计检测钢材表面硬度,从而推断钢材抗拉强度大致范围的一种方法,因此不适用于表层与内部质量有明显差异或内部存在缺陷的钢结构构件的检测,当钢结构表面受到化学物质侵蚀或内部有缺陷时,就不能直接采用里氏硬度法检测。

5.2.3 检测方法

(1)检测前,先进行构件测试部位表面处理。可用钢锉打磨构件表面,除去表面锈斑、油漆,然后,分别用粗、细砂纸打磨构件表面,直至露出金属光泽;

(2)按所用仪器的操作要求测定钢材表面的硬度;

(3)在测试时,构件及测试面不得有明显的颤动;

(4)根据所建立的专用测强曲线换算钢材的强度;

(5)可参考现行国家标准《黑色金属硬度及相关强度换算值》(GB/T 1172—1999)[5]等的规定确定钢材的换算抗拉强度,但测试仪器和检测操作应符合相应标准的规定,并应对标准提供的换算关系进行验证。

表面硬度测试的具体操作方法,可参照现行江苏省地方标准《里氏硬度计法建筑结构钢抗拉强度现场检测技术规程》(DB32/T 4116—2021)[6]。用表面硬度法检测钢结构钢材抗拉强度时,应有取样检验钢材抗拉强度的验证。里氏硬度现场检测如图 5-1 所示。

图 5-1 里氏硬度现场检测

5.2.4 检测设备

1. 里氏硬度计

里氏硬度计应符合《金属材料 里氏硬度试验 第 2 部分:硬度计的检验与校准》(GB/T 17394.2)[7]的规定。在每个测区测试前,应在该仪器所带标准块上对里氏硬度计进行校准,校准时相邻两点读数差应小于 12 HL。

2. 支承环

支承环应牢固安装到冲击装置的底部。除了 DL 类型的冲击装置,支承面应带有橡胶涂层,防止测试过程中冲击装置出现移动。

5.2.5 抽样要求

(1)每一构件的测区应符合:

①测区数量不应少于 3 个;

②测区宜布置在里氏硬度计能垂直向下检测的钢材表面,也可布置在非垂直向下的钢材表面;

③测区钢材的厚度不宜小于 6 mm,曲面构件测区的曲率半径不应小于 30 mm;

④测区宜布置在测试时不产生颤振的部位。

(2)测区的处理应符合:

①测区钢材表面应进行打磨处理,打磨可用钢锉或用角磨机等设备去除各种涂层,并应用粗、细砂纸打磨至表面粗糙度 Ra 的平均值不大于 1.6 μm;

②每个测区打磨的区域不应小于 30 mm×60 mm;

③测区表面粗糙度的测试应用粗糙度测量仪量测,测量不应少于 5 次,每次度数应精确至 0.01 μm。

(3)测区内测点的布置应符合:

①每一测区应布置 9 个测点;

②测点应在测区范围内均匀分布;

③测点之间的距离应大于 4 mm;

④测点距试样边缘距离不应小于 5 mm。

(4)测点的测试应符合:

①同一测点只应测试一次;

②每一测点的里氏硬度值应精确至 1 HL。

5.2.6 强度推定

(1)计算测区里氏硬度的平均值

从 9 个里氏硬度测试值中剔除 2 个最大值和 2 个最小值,余下的 5 个里氏硬度测试值按式(5-2)计算平均值。

$$HL_m = \frac{\sum_{i=1}^{5} HL_i}{5} \tag{5-2}$$

式中　HL_m——测区里氏硬度的测试平均值；

　　　HL_i——测区余下 5 个测试值中第 i 个测点的里氏硬度值。

（2）垂直方向修正

当测试的里氏硬度值采用非垂直方向检测时，需按式（5-3）进行弹击方向和角度修正。

$$HL_{dm} = HL_m + HL_n \tag{5-3}$$

式中　HL_{dm}——修正后的垂直方向里氏硬度平均值；

　　　HL_n——非垂直向下方向检测时里氏硬度修正值，按表 5-2 采用。

表 5-2　非垂直向下检测的里氏硬度修正值

HL_m	HL_n			
	向下 45°	水平	向上 45°	垂直向上
200	−7	−14	−23	−33
250	−6	−13	−22	−31
300	−6	−12	−20	−29
350	−6	−12	−19	−27
400	−5	−11	−18	−25
450	−5	−10	−17	−24
500	−5	−10	−16	−22
550	−4	−9	−15	−20
600	−4	−8	−14	−19
650	−4	−8	−13	−18
700	−3	−7	−12	−17
750	−3	−6	−11	−16
800	−3	−6	−10	−15
850	−2	−5	−9	−14

（3）钢材厚度修正

当测区钢材厚度小于 12 mm 时，应按对测区里氏硬度平均值进行修正。

$$HL_{dm} = HL_m + HL_t \tag{5-4}$$

式中　HL_t——检测不同的钢材厚度时里氏硬度修正值，按表 5-3 采用。

（4）抗拉强度换算

既有结构钢材抗拉强度可依据测区里氏硬度的代表值按表 5-4 确定。

表 5-3　钢材厚度对里氏硬度测试值的修正值

板厚（mm）	硬度修正值（HL）
6	30
7	22
8	18
10	10
12	0

表 5-4　钢材里氏硬度与抗拉强度值换算表

里氏硬度（HL）	抗拉强度（N/mm²）		里氏硬度（HL）	抗拉强度（N/mm²）	
HL_{dm}	抗拉强度最小值 $f_{b,min}$	抗拉强度最大值 $f_{b,max}$	HL_{dm}	抗拉强度最小值 $f_{b,min}$	抗拉强度最大值 $f_{b,max}$
255	306	456	328	331	481
260	306	456	330	332	482
265	307	457	332	334	484
270	307	457	334	335	485
275	308	458	336	337	487
280	309	459	338	338	488
285	310	460	340	340	490
290	311	461	342	342	492
295	313	463	344	343	493
300	315	465	346	345	495
302	316	466	348	347	497
304	317	467	350	349	499
306	318	468	352	350	500
308	319	469	354	352	502
310	320	470	356	354	504
312	321	471	358	356	506
314	322	472	360	358	508
316	323	473	362	360	510
318	324	474	364	362	512
320	326	476	366	365	515
322	327	477	368	367	517
324	328	478	370	369	519
326	329	479	372	371	521

续上表

里氏硬度 （HL）	抗拉强度 （N/mm²）		里氏硬度 （HL）	抗拉强度 （N/mm²）	
HL_{dm}	抗拉强度 最小值 $f_{b,min}$	抗拉强度 最大值 $f_{b,max}$	HL_{dm}	抗拉强度 最小值 $f_{b,min}$	抗拉强度 最大值 $f_{b,max}$
374	374	524	428	451	601
376	376	526	430	454	604
378	378	528	432	458	608
380	381	531	434	461	611
382	383	533	436	465	615
384	386	536	438	468	618
386	388	538	440	472	622
388	391	541	442	475	625
390	393	543	444	479	629
392	396	546	446	483	633
394	399	549	448	487	637
396	401	551	450	491	641
398	404	554	452	494	644
400	407	557	454	498	648
402	410	560	456	502	652
404	314	563	458	506	656
406	416	566	460	510	660
408	419	569	462	514	664
410	422	572	464	518	668
412	425	575	466	523	673
414	428	578	468	527	677
416	431	581	470	531	681
418	434	584	472	535	685
420	437	587	474	539	689
422	441	591	476	544	694
424	444	594	478	548	698
426	447	597	480	553	703

（5）抗拉强度推定值

单个构件钢材抗拉强度的推定范围宜取 3 个测区换算抗拉强度最小值 $f_{b,min}$ 的平均值作为推定范围的下限值，宜取 3 个测区换算抗拉强度最大值 $f_{b,max}$ 的平均值作为推定范围的上限值。

单个构件钢材抗拉强度的推定值可取构件推定范围上限值与下限值的平均值。

单个构件钢材抗拉强度的特征值可取推定范围的下限值。

钢材抗拉强度特征值接近的构件可视为同强度等级,所有构件钢材抗拉强度特征值的平均值可作为与钢材强度等级对应抗拉强度标准值的比较值。

5.3 力学性能检测

当结构构件发生显著的力学破坏或损伤,或对无损检测结果产生怀疑,需进一步检测材料性能时,可取样单独进行钢材力学性能检测。

检测项目包括:屈服点、抗拉强度、延伸率、冷弯性能和冲击韧性,其中冲击韧性又分常温(20 ℃)、0 ℃、−20 ℃和−40 ℃冲击韧性,分别对应国家标准《碳素结构钢》(GB 700—2006)[3]和《低合金高强度结构钢》(GB/T 1591—2018)[4]中的质量等级 B、C、D、E(Q235 无 E 级)。所选择检测项目应根据结构和材料的实际情况及鉴定需求确定。

钢材力学性能检验试件的取样数量、取样方法、试验方法和评定依据应符合表 5-5 的规定。当检验结果与调查获得的钢材力学性能基本参数信息不相符时,应加倍抽样检验[8]。

表 5-5 钢材力学性能检验项目、试验方法和评定依据

检验项目	最少取样数量	试验方法规定	评定依据
屈服强度 规定非比例延伸强度 抗拉强度 断后伸长率 断面收缩率	2	《金属材料 拉伸试验 第 1 部分:室温试验方法》(GB/T 228.1)	《低合金高强度结构钢》(GB/T 1591);《碳素结构钢》(GB/T 700);《建筑结构用钢板》(GB/T 19879)
冷弯	2	《金属材料 弯曲试验方法》(GB/T 232);《焊接接头弯曲试验方法》(GB/T 2653)	
冲击韧性	3	《金属材料夏比摆锤冲击试验方法》(GB/T 229);《焊接接头冲击试验方法》(GB/T 2650)	
抗层状撕裂性能	3	《厚度方向性能钢板》(GB/T 5313)	《厚度方向性能钢板》(GB/T 5313)

螺栓连接副力学性能检测项目应包括：螺栓材料性能、螺母和垫圈硬度。普通螺栓尚应包括螺栓实物最小拉力荷载检验。螺栓球节点用高强度螺栓力学性能的检测项目应包括拉力荷载试验、硬度试验。对接焊接接头试样应包括拉伸试样、弯曲试样和冲击试样。

钢结构紧固件力学性能检验试件的取样数量、试验方法和评定依据应符合表 5-6 的规定[6,9]。

表 5-6　钢结构紧固件力学性能检验项目、试验方法和评定依据

检验项目	最少取样数量	试验方法规定	评定依据
螺栓楔负载螺母保证荷载螺母与垫圈硬度	3	《钢结构用高强度大六角头螺栓、大六角螺母、垫圈技术条件》(GB/T 1231)；《钢结构用扭剪型高强度螺栓连接副》(GB/T 3632)；《钢网架螺栓球节点用高强度螺栓》(GB/T 16939)	《钢结构用高强度大六角头螺栓、大六角螺母、垫圈技术条件》(GB/T 1231)；《钢结构用扭剪型高强度螺栓连接副》(GB/T 3632)；《钢网架螺栓球节点用高强度螺栓》(GB/T 16939)；《钢结构工程施工质量验收规范》(GB 50205)
螺栓实物最小载荷及硬度	3	《紧固件机械性能　螺栓、螺钉和螺柱》(GB/T 3098.1)；《紧固件机械性能　螺母》(GB/T 3098.2)	《紧固件机械性能　螺栓、螺钉和螺柱》(GB/T 3098.1)；《紧固件机械性能　螺母》(GB/T 3098.2)；《钢结构工程施工质量验收规范》(GB 50205)

5.4　化学成分检测

当结构构件或节点发生损伤、裂纹、疲劳破坏等问题，需进一步检测材料性能时，可取样单独进行钢材化学成分检测。

1. 钢材化学成分检测项目及评定标准

常规钢材化学成分检测项目包括：C、Mn、Si、S、P 五元素检测，对于低合金高强度结构钢，有时还需要检测 V、Nb、Ti 等元素。其取样批量、取样方法、评定标准及允许偏差应符合表 5-7 的规定。

2. 化学成分测试的取样和制样

钢材化学成分试样的取样可以按现行产品标准中规定的位置，从用于力学性能试验所选用的抽样产品中取得，或按照现行国家标准《钢及钢产品力学性能试验取样位置及试样制备》(GB/T 2975)规定进行。

表 5-7 钢结构材料化学分析取样数量及方法

材料种类	取样数量（个/批）	取样方法及成品化学成分允许偏差	评定标准
钢板钢带型钢	1	《钢和铁 化学成分测定用试样的取样和制样方法》(GB/T 20066)；《钢的成品化学成分允许偏差》(GB/T 222)	《碳素结构钢》(GB/T 700)；《低合金高强度结构钢》(GB/T 1591)；《合金结构钢》(GB/T 3077)；《桥梁用结构钢》(GB/T 714)；《建筑结构用钢板》(GB/T 19879)；《高耐候结构钢》(GB/T 4171)；《焊接结构用耐候钢》(GB/T 4172)；《厚度方向性能钢板》(GB/T 5313)
钢丝钢丝绳	1	《钢和铁 化学成分测定用试样的取样和制样方法》(GB/T 20066)；《钢的成品化学成分允许偏差》(GB/T 222)；《钢丝验收、包装、标志及质量证明书的一般规定》(GB 2103)	《低碳钢热轧圆盘条》(GB/T 701)；《焊接用钢盘条》(GB/T 3429)；《焊接用不锈钢盘条》(GB 4241)；《熔化焊用钢丝》(GB/T 14957)
钢管铸钢	1	《钢的成品化学成分允许偏差》(GB/T 222)；《钢和铁 化学成分测定用试样的取样和制样方法》(GB/T 20066)	《结构用不锈钢无缝钢管》(GB/T 14975)；《结构用无缝钢管》(GB/T 8162)；《焊接结构用碳素钢铸件》(GB/T 7659)

3. 化学成分检测方法

钢材化学成分检测常用的方法有：化学分析法和光谱分析法。

化学分析法（又称湿法分析法）是以物质化学反应为基础，根据反应结果直接判定试样中所含成分，并测定含量的分析方法。化学分析法通过化学方法将钢材中的微量元素消解、溶出，然后，通过火焰吸收、分光光度法或者重量法等方法对微量元素进行测定。

光谱分析法的原理是用电弧或者电火花的高温将样品中各种元素从固态直接气化并激发出，并发射出各种元素的特征波长，再用光栅分析后，形成按波长排列的"光谱"，这些元素的特征光谱线通过出射夹缝，射入各自的光电倍增管，光信号变成电信号，经控制测量系统将电信号积分并进行模数转换，然后用计算机处理，计算出各种元素的百分含量。

化学分析法的分析精度较高，是仲裁检验分析常用方法，但需要进行较为复杂的前处理、样品处理和过程等待，分析效率较低；光谱分析法样品前处理简单，分析效率高，相对方便、快捷。

5.5 钢材金相检测

当钢结构材料发生烧损、变形、断裂、腐蚀或其他损伤时，宜进行金相检测。

钢材的金相检测可采用现场覆膜金相检测或便携式显微镜现场检测,取样宜在开裂、应力集中、过热、变形或其他怀疑有材料组织变化的部位。

对于可以现场取样的钢结构构件,在确保安全的条件下,应对有代表性的部位采用现场破损切割的方法取样,进行实验室宏观、微观、断口等金相检测。

钢材的金相检测及评定,应符合现行国家标准《金属显微组织检验方法》(GB/T 13298)、《钢的显微组织评定方法》(GB/T 13299)、《钢的低倍组织及缺陷酸蚀检验法》(GB/T 226)、《结构钢低倍组织缺陷评级图》GB/T 1979、《金属熔化焊接头缺欠分类及说明》(GB/T 6417.1)和《钢材断口检验法》(GB/T 1814)的规定。

例如,某钢索锚具出现裂纹,对其进行金相检验,从索锚具断口及外表面取纵截面试样,并按《金属显微组织检验方法》(GB/T 13298—2015)标准进行制样,随后在光学显微镜下观察,结果如下:

根据《钢中非金属夹杂物含量的测定－标准评级图显微检验法》[GB/T 10561—2005/ISO 4967:1998(E)]中的实际检验 A 法和 ISO 评级图进行评定,索锚具芯部组织为奥氏体＋颗粒状碳化物(表 5-8),碳化物沿奥氏体晶界呈连珠状析出导致晶界弱化,使得裂纹由外表面沿晶界扩展(图 5-2)。

表 5-8　非金属夹杂物评级结果

类别	A		B		C		D		DS
	细系	粗系	细系	粗系	细系	粗系	细系	粗系	—
级别	1.0	0	0	0	0	0	3.0	0	0.5

(a) 芯部组织连珠碳化物

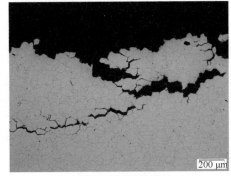

(b) 断口裂纹沿晶界扩展

图 5-2　金相检验

5.6 钢材检测其他注意事项

(1)力学性能试验的取样位置和试样制备要求,应符合现行国家标准《钢材力学及工艺性能试样取样规定》(GB/T 2975)的规定。当取样条件困难时,可寻找方便位置取样。拉伸试验试样可采用圆形横截面试样。测定化学成分的取样可以在上述力学性能试验的取样位置取得原始样品,也可以从用作力学性能试验的材料上取得分析样品。在结构构件上取样进行试验测得的数据,仅可用于评价结构性能,不适合评价钢材产品质量[9]。

(2)当被检验钢材的屈服点或抗拉强度不满足要求时,应补充取样进行拉伸试验。补充试验应将同类构件同一规格的钢材划为一批,每批抽样 3 个[9]。

(3)从已废止的国家标准《碳素结构钢》(GB/T 700—1988)、《低合金高强度结构钢》(GB/T 1591—1994)中规定的 Mn 元素含量可知,碳素结构钢与低合金高强度结构钢两者的 Mn 元素含量有较大差别,碳素钢的 Mn 元素含量低于 0.8% 而低合金钢的锰含量为 1.0%~1.7%,因此,根据 Mn 元素含量可以较容易区分碳素结构钢和低合金高强度结构钢。但现行国家标准《碳素结构钢》(GB/T 700—2006)中"取消了各牌号 Mn 元素含量下限,并提高 Mn 元素含量上限",其中规定 Mn 元素含量不大于 1.4%,与低合金钢的 Mn 元素含量不大于 1.7%区别不大,因此,2006 年以后生产的碳素结构钢无法通过化学成分分析与低合金钢进行区分。

(4)我国钢结构设计规范对承重结构钢材的力学性能、化学成分,一般情况下要求保证屈服点、抗拉强度和延伸率以及 S、P 元素含量,对焊接结构还应保证冷弯和 C 元素含量,对承受动力荷载的吊车梁或类似结构还应保证冲击韧性。对承受动力荷载或处于低温环境的结构,要求不应采用沸腾钢。

(5)承重构件的钢材应符合建造当年钢结构设计规范和相应产品标准的要求,如果构件的使用条件发生根本的改变,还应符合现行规范标准的要求,否则,应在确定承载能力和评级时考虑其不利影响。仅材料强度不满足要求时,可根据按拉伸试验结果确定的设计强度计算承载能力[9]。

(6)由于累积损伤、腐蚀及灾害等原因可能造成材料性质发生改变时,应在鉴定对象上取样检验;进行检验组分批时,应考虑致损条件、损伤程度的同一性。

6 建 筑 复 核

6.1 建筑布置复核

6.1.1 检测目的和参数

　　建筑轴网、标高的改变，可能导致建筑外形和使用功能的变化，复核建筑布置与原设计的一致性，目的为核查建筑的整体外形和结构体系是否发生变化。需要复核的参数包括：

　　(1)建筑轴网间距[图 6-1(a)、(b)]；

　　(2)梁底高程或檐口高程[图 6-1(c)、(d)]。

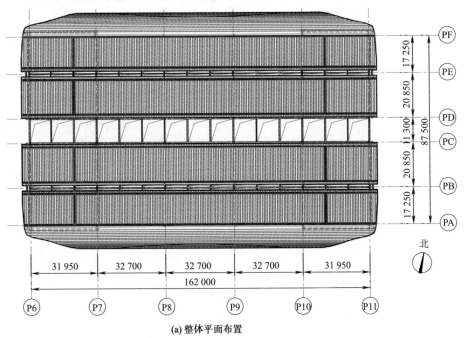

(a) 整体平面布置

图　6-1

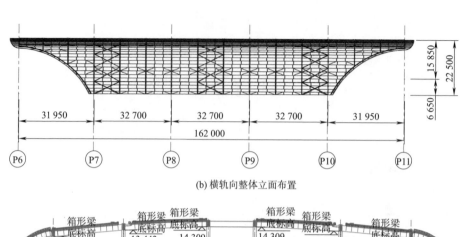

(b) 横轨向整体立面布置

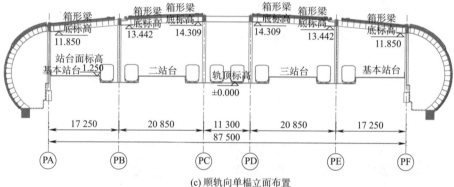

(c) 顺轨向单榀立面布置

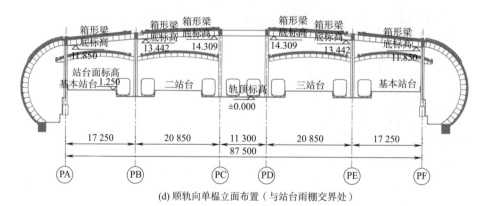

(d) 顺轨向单榀立面布置（与站台雨棚交界处）

图 6-1　站房大屋面布置图（单位：mm）

6.1.2　检测设备

全站仪如图 6-2 所示，自贴式反光片如图 6-3 所示。

图 6-2 全站仪   图 6-3 全站仪自贴式反光片

（1）全站仪以高精度、高速度、全自动化设计，确保全天候无间断工作，可及时发现被检测物发生最细微的结构变化；

（2）全站仪综合了长距离的自动精确照准、小视场、数字影像采集等先进技术，满足本项目测量的技术要求，参数详见表 6-1。

表 6-1　全站仪参数表

角度测量(Hz，V)	
精度(标准偏差 ISO 17123-3)	1″、2″
测量方法	绝对编码，连续，对径测量
最小读数	0.1″/0.1 mgon/0.01 mil
补偿方式	电子双轴补偿(设置开，关)
设置精度	0.5″
距离测量	
圆棱镜测程(GPR1)	3 500 m
反射片(60 mm×60 mm)	250 m
精度/测量时间(标准偏差 ISO 17123-4)	标准：1 mm+1.5×10⁻⁶D/2.4 s； 快速：3 mm+2×10⁻⁶D/0.8 s； 跟踪：3 mm+2×10⁻⁶D/<0.15 s，D 为实测距离(km)
无棱镜距离测量	
测程(90％反射率)PinPointR500	>500 m
精度/测量时间(标准偏差 ISO 17123-4)	2 mm+2×10⁻⁶ D/3 s
激光点大小	30 m 处：约 7 mm×10 mm 50 m 处：约 8 mm×20 mm 250 m 处：约 30 mm×55 mm

续上表

数据存储/通信	
可扩展内存	最大:100 000 固定点,最大:60 000 测量点
USB 存储棒	1 G,传输时间 1 000 点/s
接口	串口(波特率从 1 200 到 115 200), 标准 USB 和 Mini USB,无线蓝牙
数据格式	GSI/DXF/LandXML/用户自定义 ASCII 格式
导向光	
工作范围(一般气象条件)	5~150 m
定向精度	100 m 处:5 cm
望远镜	
放大倍率	30×
分辨率	3″
视场	1°30′,100 m 处:2.7 m
调焦范围	1.7 m 至无穷远
十字丝	可照明,5 级亮度可调节
激光对点器	
类型	激光点,5 级亮度可调节
对中精度	1.5 m 处:1.5 mm
环境指标	
工作温度范围	$-20\ ℃\sim+50\ ℃(-4\ ℉\sim+122\ ℉)$ 极地耐低温型$-35\ ℃\sim+50\ ℃(-31\ ℉$到$+122\ ℉)$ (可定制)
防尘/防水(IEC 60529)	IP55
湿度	95%,无冷凝

自贴式反射片:

(1)自贴式反射片有 20 mm×20 mm、40×40 mm、60×60 mm 多种规格,其后面带有不干胶,直接粘贴到需要观测的物体上即可。

(2)自贴式反射片能在大部分工作环境下使用,在正常日晒雨淋环境下十年后测程能达到初始的 50%,一般的测量周期中,测程几乎没有变化。

(3)自贴式反射片具有漫反射功能,在夜晚或者光线较弱的工作环境中,在站点只要用灯光往目标方向一照,就会发现自贴式反射片,即可测量。

测量基本技术要求:

（1）观测应在成像清晰、稳定的条件下进行。应在晴天的日出、日落和中午前后进行检测，如果成像模糊或跳动剧烈，不应进行观测。

（2）观测前应凉置仪器 30 min，让仪器温度与外界温度基本一致后才能开始观测。观测过程中仪器不得受日光直接照射。

（3）仪器照准部旋转时，应平稳匀速；制动螺旋不宜拧得过紧；微动螺旋应尽量使用中间部位。精确照目标时，微动螺旋最后应为旋进方向。

（4）观测过程中，仪器气泡中心偏离值不得超过一格。当偏移值接近限值时，应在测回之间重新整置仪器。

（5）观测必须按规范要求进行，观测成果应做到记录真实，字迹工整，注记明确，观测要求及各项限差均应符合规范规定。

（6）观测完后，应立即检查记录，计算各项观测误差是否在限差范围内，确认全部符合规定限差方可离去，以免造成不必要的返工与重测。

6.1.3　检测方法

采用全站仪、激光测距仪等设备复核雨棚建筑布置，包括雨棚的总长度、总宽度、檐口高程、梁底标高等。

检测流程——轴线间距复核（图 6-4）：

（1）固定全站仪，调水平；

（2）框架柱间距的测量点照在柱中心位置；

（3）全站仪转移至下一测点。

检测流程——标高复核：

（1）固定全站仪，调水平；

（2）以框架柱脚处的站台地面为标高±0.000 m 基准点；

（3）测量框架梁底标高，檐口标高等；

（4）全站仪转移至下一测点。

图 6-4　轴线间距测量

6.1.4　抽样要求

依据《高耸与复杂钢结构检测与鉴定标准》(GB 51008—2016)第8.3.1条,所有通视的测量目标点宜全数检测。

6.1.5　结果评定

因使用无损间接法测量,使用参照构件代表轴线或标高位置,测量值仅供结构体系校核参考。

6.2　建筑功能复核

6.2.1　检测目的和参数

建筑功能的改变,可能导致结构正常使用的荷载工况发生变化,如正常使用荷载大于原设计荷载,可能导致原设计构件承载能力不足,影响结构安全。针对高铁客站,通常需要复核的建筑功能包括:

(1)平面分区情况,包括各分区内的实际功能是否与原设计一致;

(2)门窗洞口位置;

(3)屋面排水设置。

6.2.2　检测方法

通常采用相机拍照、巡视观测的方法,形成影像和文字记录。

6.2.3　结果评定

将与原设计不一致的建筑功能,特别是改变或额外增加建筑荷载工况的,应按实际功能对应的结构荷载工况引入结构分析。

7 结 构 检 测

7.1 结构布置复核

7.1.1 概 况

结构布置是钢结构安全性评定中重要的评定项目。已有的安全性鉴定标准中基本没有该方面的评定内容,在设计规范中也大多偏重于构件设计,2010年以后的现行设计规范已经开始重视这个问题。结构体系是由不同形式和不同种类结构及构件组成的传递和承受各种作用的骨架,这个骨架包括基础和上部结构,在既有钢结构的安全性评定中应对结构整体性进行评定,包括钢结构体系的稳定性、整体牢固性以及结构与构件的抵抗各种灾害作用的基本能力。合理的结构体系并不是简单地区分框架结构、剪力墙结构、网架结构或者架结构等结构的形式,而是对结构体系传递各种外部作用的方式和途径进行分析与评定,如上部钢结构与钢筋混凝土基础之间的连接,上部钢结构与钢筋混凝土楼板的连接,钢主体结构与围护结构的构造连接等,在外部作用下实际的受力形式和传递作用的情况,总体评价结构体系是否具有抵抗相应作用的结构和构件布置;此处所谓的外部作用应该包括各种附加横荷载、活荷载及风、雪、地震荷载等,还应考虑施工的工况,正常使用时的工况,以及偶然作用和灾害发生时的工况。

钢结构建筑的结构体系、结构布置的检查应考虑钢结构体系的完整性和合理性:

(1)钢结构平面、立面、竖向剖面布置宜规则,各部分的质量和刚度宜均匀、对称结构平面布置的对称性、均匀性,竖向构件截面尺寸及材料强度应均匀变化,自下而上逐渐减少,避免平立面不规则产生扭转等现象。

(2)结构在承受各种作用下传力途径应简捷、明确,受力合理。竖向构件的上、下层连续、对齐,受力途径需经过转换时,转换层或转换部位应有足够的刚度、稳定性等;水平构件(钢梁、钢屋架、钢架、钢网架等)及楼板要有一定的刚度,保证水平力(风荷载、地震作用)等有效传递。

(3)采用超静定结构,重要构件和关键传力部位应增加冗余约束,或有多条传力途径。静定结构和构件应有足够的锚固措施,悬挑构件的固定方式及连接应安全、可靠,特别是悬挑钢梁的焊接连接,焊缝等级等应比连续梁提高一个等级。

（4）有减少偶然作用影响的措施,部分结构或构件丧失抗震能力不会对整个结构产生较大影响,在火灾及风灾等作用下不至于发生连续破坏。

（5）构件设置位置、数量、方式、形状和连接方法,应具有保障结构整体性的能力,其刚度、承载能力和变形能力在工作荷载作用下满足安全、适用要求。

7.1.2　检测目的和参数

了解和分析结构的整体组成、结构体系类型和构件布置,确定结构的整体性,定性评定结构的刚度分布以及结构和构件的传力路径。

结构布置包括结构平面布置和竖向立面布置。通过复核结构各类构件位置关系与承担功能是否与原设计一致,核查结构荷载的传力路径与原设计是否相符。需要复核的参数包括:

（1）结构体系选型;

（2）竖向传力构件位置,有无缺失;

（3）水平传力构件位置,支撑系统布置,有无缺失;

（4）主要构件形式、主要节点构造、支座节点布置与构造及支座节点功能（如销轴锁死、长圆孔顶死等）,是否影响传力模式。

以深圳坪山站大屋面为例,站房大屋面为框架结构体系,结构组成包括框架柱、框架梁、屋面支撑及檩条系统,如图 7-1、图 7-2 所示。其中,水平屋面梁间支撑为只拉圆钢,站房大屋面弧形立面的梁间交叉支撑为热轧 H 型钢;弧形立面增设水平系杆,以提高弧形立面的纵向抗侧整体性。站房大屋面在 6 轴～7 轴和 10 轴～11 轴处设防震缝,将站房大屋面结构与站台雨棚结构分开。经现场核查,结构布置与原设计一致。

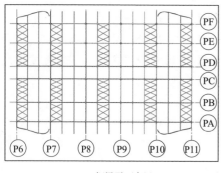

(a) 钢梁平面布置

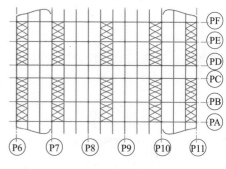

(b) 屋面支撑平面布置

图　7-1

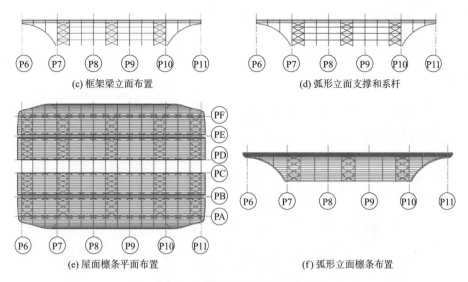

(c) 框架梁立面布置

(d) 弧形立面支撑和系杆

(e) 屋面檩条平面布置

(f) 弧形立面檩条布置

图 7-1 站房大屋面结构布置

(a) 弧形立面

(b) 弧形立面、屋面、框架柱

(c) 站房大屋面支撑和系杆

(d) 框架梁和檩条

图 7-2 深圳坪山站结构现场概况

7.1.3　检测方法

通常采用相机拍照、巡视观测的方法,形成影像和文字的记录。

7.1.4　检测内容

(1)现场复核实际结构与设计图纸的符合程度,包括结构体系、构件布置、构件选型、节点连接构造等;

(2)宏观检查结构整体变形、主要构件变形、支座节点变形和移位或沉降;

(3)宏观检查主要构件损伤、主要节点损伤;

(4)宏观检查数量:主要构件、主要节点均100%检查。

7.1.5　结果评定

将与原设计不一致的结构布置按实测缺陷引入既有结构模型进行分析,结构体系不同或者构件位置缺失问题将进一步影响安全性鉴定评级。

7.2　结构整体变形

7.2.1　检测内容

钢结构整体变形检测的主要内容包括结构挠度、结构主体倾斜、结构水平位移、结构动态变形(沉降速率)、结构不均匀沉降等。结构整体变形检测一般通过检测不同结构单元之间的具有代表性的构件坐标或变形实现。

在进行钢结构变形检测前,宜先清除构件饰面层(如涂层、浮锈等)。当构件各测试点饰面层厚度基本一致、且不明显影响评定结果时,也可不清除饰面层。

7.2.2　检测设备

钢结构变形或位移检测的主要设备有水准仪、经纬仪、激光垂准仪、全站仪、激光测距仪、吊线锤、细钢丝、细线、钢板尺等。

用于检测的测量仪器设备精度宜符合现行行业标准《建筑变形测量规范》(JGJ 8)的相关规定,变形测量精度可取三级。

7.2.3　检测方法

应以设置辅助基准线的方法测量钢结构或构件的变形或位移,对非线性结构和特殊形状的构件还应考虑其初始位置的影响。

1. 长度不大于 6 m 的构件变形

可用拉线、吊线锤的方法测量其变形,具体方法如下:

(1)测量构件弯曲变形时,在构件两端拉紧一根细钢丝或细线,然后测量构件与拉线之间的最大距离,所测数值即是构件的变形量。

(2)测量构件垂直度变形时,从构件上端吊一线锤直至构件下端,当线锤处于静止状态后,测量吊锤中心与构件下端的水平距离,该距离数值即是构件的位移量,垂直度＝位移量/实测构件有效长度。

2. 长度大于 6 m(含)的构件的变形

可采用全站仪、水准仪或经纬仪检测其变形,具体方法如下:

(1)检测构件挠度时,观测点应沿构件轴线或边线布设,每一构件观测点不得少于 3 个,将全站仪或水准仪测得的两端和跨中的读数进行比较计算,即可求得构件的跨中挠度。

(2)构件的垂直度、平面弯曲,可通过测点间的相对位置差来计算,也可通过仪器引出基准线,放置量尺直接读取数值后计算取得。

3. 整体结构的挠度(跨中挠度)

可采用激光测距仪、水准仪或拉线等方法检测。

通过检测跨中和两侧支座或梁柱节点处的相对坐标或相对高程差,通过比对原设计相对位置,换算结构跨中挠度。

4. 结构的垂直度(整体倾斜)

结构整体倾斜一般取角部具有代表性的竖向构件,测量其倾斜代表值,经拟合判断并绘制结构整体倾斜情况。测量结构垂直度时,应将仪器架设在与倾斜方向成正交的方向线上,距被测目标 1~2 倍距离的位置,测定结构顶部相对于底部的水平位移与高差,然后,计算垂直度及标明倾斜方向,如图 7-3 所示。

5. 结构不均匀沉降

可采用静力水准仪或全站仪等方法检测。

在预设的结构沉降观测点布置静力水准仪,或使用全站仪定期测量观测点坐标。以其中一个观测点作为基准,计算其余观测点的相对沉降差。将相对沉降差通过折线形式绘制于轴网中,以颜色和折线高差区分沉降大小(图 7-4)。

7.2.4　结果评定

钢结构变形应符合现行国家标准《钢结构设计标准》(GB 50017)、《钢结构工程施工质量验收标准》(GB 50205)等的要求。

对既有建筑的整体垂直度检测,当发现有个别测点超过规范要求时,宜进一步核实其是否由外饰面不平或结构施工时超标引起的。

钢结构变形在进行结构安全性鉴定时应考虑其不利影响。

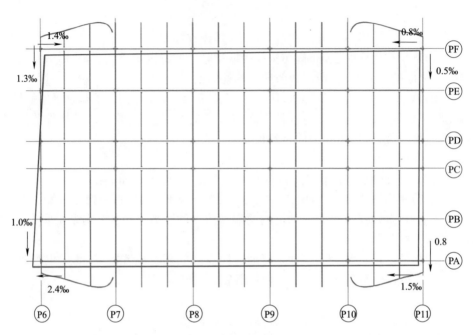

图 7-3　结构整体倾斜

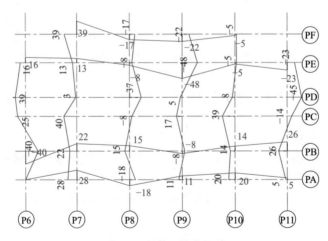

图 7-4　结构不均匀沉降

8 构件检测

8.1 概　　述

钢构件检测内容主要包括[10-11]：几何尺寸、制作安装偏差与变形、缺陷与损伤、构造与连接、涂装与腐蚀。对于普通构件检测，上述检测内容宜全部进行检测；对于专项检测，可仅对指定检测内容进行检测。

对钢结构构件进行检测时，一般可将其划分为柱构件、梁构件、杆构件、板构件、桁架和柔性构件，分类方法如下[10-11]：

(1)柱构件：实腹柱一层中的一根柱为一个构件，格构柱一层中的整根柱(即含所有柱肢)为一个构件。

(2)梁构件：一跨中的整根梁为一个构件；若仅鉴定一根连续梁时，可取整根为一个构件。

(3)杆构件：仅承受拉或压的一根为一个构件。

(4)板构件：一个计算单元为一个构件。

(5)桁架：一榀为一个构件。

(6)柔性构件仅承受拉力的一根索、杆、棒等为一个构件。

上述划分方法是对一般结构而言，大型复杂构件与结构系统没有明显的界线(如桁架组合截面柱等)，因此，对具体工程的构件划分可灵活确定。

钢结构检测的检测方案主要有全数检测和抽样检测两种。钢构件的构件数量及检测项目往往很多，一般不可能全数检测，而通常采用抽样检测法，即从检测批中抽出少量个体组成样本，对样本进行规定项目的检测，再由样本检测参数去推断检验批的检测参数。钢构件检测抽样数量可根据检测项目的特点，按下列原则确定[10-11]：

(1)构件外部缺陷与损伤、涂装与腐蚀，宜全数普查；缺陷与腐蚀是造成钢结构工程事故的主要因素，故将钢构件缺陷与腐蚀的检测按主控项目考虑，宜选用全数检测方案。

(2)当受检范围较小或构件数量较少时，或者构件质量状况差异较大时，宜采用全数检测方案。

（3）构件几何尺寸、制作安装偏差与变形，应根据现场实际情况确定抽样数量与位置；将几何尺寸偏差与变形按一般项目考虑，宜选用一次或二次计数抽样方案。

（4）构件的构造与连接，应选择对结构安全影响大的部位进行检测。构件的连接构造对同批次构件往往具有共性，故可选择对结构安全影响大的部位进行抽样。

（5）在建筑钢结构按检验批检测时，其抽样检测的比例及合格判定应符合现行国家标准《钢结构施工质量验收标准》(GB 50205)的规定。

（6）既有钢结构计数抽样检测时，其每批抽样检测的最小样本容量不应小于现行国家标准《钢结构现场检测技术标准》(GB/T 50621—2010)表 3.4.4 的规定以及《高耸与复杂钢结构检测与鉴定标准》(GB 51008)的规定。

当委托方指定检测对象或检测范围时，或者检测对象是因环境侵蚀、火灾、水灾、爆炸、高温以及人为等因素造成部分损伤的构件时，检测对象可以是单个构件或部分构件，但检测结论不得扩大到未检测的构件或范围。

8.2　构件选型

构件选型即对结构构件的截面形式进行调查，在关键传力路径上的结构构件宜全数调查，并判断其与构件的设计截面形式是否相符。以深圳坪山站为例，共调查了框架柱、框架梁、檩条、弧形立面边梁、立面交叉支撑、水平系杆、屋面交叉支撑等构件截面形式，见表 8-1。

表 8-1　深圳坪山站构件截面形式复核一览表

序号	构件类别	截面形式		结论
		设　计	实　际	
1	框架柱			一致

续上表

序号	构件类别	截 面 形 式		结论
		设　计	实　际	
2	横轨向屋面框架梁			一致
3	顺轨向屋面框架梁			一致
4	弧形立面主框架梁			一致
5	弧形立面边梁			一致

续上表

序号	构件类别	截面形式		结论
		设 计	实 际	
6	屋面檩条			一致
7	立面交叉支撑			一致
8	立面水平系杆			一致
9	屋面交叉支撑			一致

8.3　构件外形尺寸检测

8.3.1　检测内容与检测方法

构件尺寸检测内容一般为构件截面外形尺寸,构件尺寸现场检测如图 8-1 所示。构件截面尺寸能反映出构件加工与维护质量,较大的尺寸偏差将直接影响构件的截面承载力,常见构件外形尺寸参数见表 8-2。

图 8-1　构件尺寸现场检测

表 8-2　常见构件外形尺寸参数

截面类型	尺寸类型
H 型钢	高度、翼缘宽度、腹板厚度、翼缘厚度
圆管	外径、壁厚
箱型	高度、宽度、壁板厚度、腹板厚度
圆钢	直径

8.3.2　检测数量

抽样检测构件的数量,可根据具体情况确定,但不应少于现行国家标准《建筑结构检测技术标准》(GB/T 50344—2019)表 3.3.13、《钢结构现场检测技术标准》(GB/T 50621—2010)表 3.4.4 或《高耸与复杂钢结构检测与鉴定标准》(GB 51008)规定的相应检测类别的最小样本容量。

8.3.3　检测设备

可采用游标卡尺、钢卷尺、直尺或其他满足 0.1 mm 精度要求的测量工具进行测量。

8.3.4 检测方法

构件外形尺寸检测的范围为所抽样构件的全部外形尺寸。每个尺寸在构件的 3 个部位量测,取 3 处测试值的平均值作为该尺寸的代表值。

8.3.5 评定依据

对检测批构件的重要尺寸,应按照现行国家标准《建筑结构检测技术标准》(GB/T 50344—2019)表 3.3.14—1 或表 3.3.14—2 进行检测批的合格判定;对检测批构件一般尺寸的判定,应按照现行国家标准《建筑结构检测技术标准》(GB/T 50344—2019)表 3.3.14—3 或表 3.3.14—4 进行检测批的合格判定。特殊部位或特殊情况下,应选择对构件安全性影响较大的部位或损伤有代表性的部位进行检测。

钢构件的外形与定位尺寸偏差应以最终设计文件规定的尺寸为基准进行计算。偏差的允许值,应符合下列规定:

(1)焊接 H 型钢偏差的允许值,依据现行国家标准《钢结构工程施工质量验收规范》(GB 50205—2020)附录 C 中表 C.0.1 的规定确定,截面高度 $H<500$ mm,允许偏差为 ±2.0 mm;截面高度 $500\leqslant H<1\,000$ mm,允许偏差为 ±3.0 mm;截面高度 $H\geqslant1\,000$ mm,允许偏差为 ±4.0 mm;截面宽度 B 的允许偏差为 ±3.0 mm(见表 8-3 所列焊接 H 型钢的尺寸、外形及允许偏差)。

表 8-3 焊接 H 型钢的尺寸、外形及允许偏差

项 目		允许偏差(mm)	图 示
高度 H（mm）	$H<500$	±2.0	
	$500\leqslant H<1\,000$	±3.0	
	$H\geqslant1\,000$	±4.0	
宽度 B（mm）	$B<100$	±2.0	
	$100\leqslant B<200$	±2.5	
	$H\geqslant200$	±3.0	

(2)钢管杆件偏差的允许值,依据现行国家标准《结构用无缝钢管》(GB/T 8162—2008)表 2、《直缝电焊钢管》(GB/T 13793—2016)第 5.1.2 条、《结构用直

缝埋弧焊接钢管》(GB/T 30063—2013)第 4.1.2 条规定确定。

8.3.6 案　　例

在某高铁客站雨棚现场检测发现,北侧端部桁架局部腹杆截面尺寸与设计不符,见表 8-4,具体位置如图 8-2 所示。

表 8-4　腹杆截面与设计不符

序　号	位置(图 8-2)	设计截面	现场调查	评　定
01	1 区	A159×4.5	A89×6	与设计不符
02	2 区	A89×6	A159×4.5	与设计不符

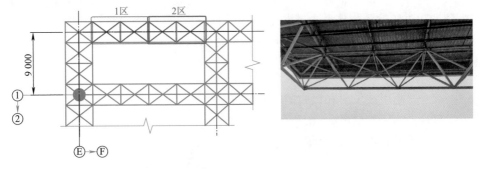

图 8-2　杆件截面与设计不符位置(单位:mm)

8.4　构件厚度检测

1. 抽样原则

构件厚度检测抽样构件的数量,可根据具体情况确定,但不应少于现行国家标准《建筑结构检测技术标准》(GB/T 50344—2019)中表 3.3.13 规定的相应检测类别的最小样本容量。

2. 检测工具、设备

钢构件厚度可采用卷尺、游标卡尺或超声波测厚仪进行检测,其中超声波测厚仪主要用于非开放边缘或对钢构件中部位置的钢板厚度进行精确测量时使用。

当采用超声测厚仪进行检测时,依据现行国家标准《钢结构现场检测技术标准》(GB/T 50621),超声测厚仪的主要技术指标应符合表 8-5 的规定,并应随机配有校准用的标准块。

表 8-5　超声测厚仪的主要技术指标

项　　目	技　术　指　标
显示最小单位	0.1 mm
工作频率	5 MHz
测量范围	板材：1.2～200 mm 管材下限：$\phi 20$ mm×3
测量误差	±($\delta/100+0.1$) mm，δ 为被测构件的厚度
灵敏度	能检出距探测面 80 mm，直径 2 mm 的平底孔

超声波测厚仪测试原理如下：

超声波测厚仪主要由主机和探头两部分组成，主机电路包括发射电路、接收电路、计数显示电路三部分。超声波测厚仪发射的超声波经过探头在探头产生脉冲，脉冲通过所检测物体后由接收电路接受，通过计算器精确测量并按如下公式计算超声波在材料中的传播时间，由显示器显示出被测物体厚度值。

$$t=\frac{2H}{v} \tag{8-1}$$

式中　t——超声波发射和接收的时间（s）；

　　　H——物体的壁厚（mm）；

　　　v——物体的声速（m/s）。

3. 检测方法

依据现行国家标准《钢结构现场检测技术标准》（GB/T 50621），测量钢构件的厚度时，应在构件的 3 个不同部位分别进行测量，然后取 3 处测试值的平均值作为钢构件厚度的代表值。测试步骤如下：

（1）测试前应清除表面油漆层、氧化皮、锈蚀等，并打磨至露出金属光泽；

（2）预设声速并应用随机标准块对仪器进行校准，经校准后方可进行测试；

（3）将耦合剂涂于被测处，耦合剂可采用机油、化学浆糊等。在测量小直径管壁厚度或工件表面较粗糙时，可选用黏度较大的甘油；

（4）将探头与被测构件耦合即可测量，接触耦合时间宜保持 1～2 s。在同一位置宜将探头转过 90°后进行二次测量，取二次测量的平均值作为该部位的代表值。在测量管材壁厚时，宜使探头中间的隔声层与管子轴线平行；

（5）测厚仪使用完毕后，应擦去探头及仪器上的耦合剂和污垢，保持仪器的清洁。

构件厚度现场检测如图 8-3 所示。

4. 评定依据

钢构件厚度偏差应以设计规定的尺寸为基准进行计算，并应符合相应现行产品标准的规定：

图 8-3　构件厚度现场检测

(1)钢板厚度的允许偏差应符合其现行产品标准的要求,并满足现行国家标准《轧钢板和钢带的尺寸、外形、重量及允许偏差》(GB 709)的规定。

(2)型钢壁厚的允许偏差应符合其产品标准的要求,主要包括现行国家标准《热轧型钢》(GB/T 706)、《热轧 H 型钢和剖分 T 型钢》(GB/T 11263)等对型钢壁厚允许偏差的要求(表 8-6)。

表 8-6　宽、中、窄翼缘 H 型钢壁厚允许偏差

厚　　度(mm)		允许偏差(mm)	图　　示
t_1	$t_1<16$	±0.7	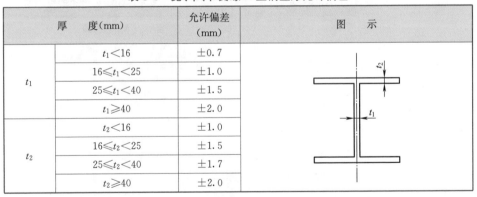
	$16\leqslant t_1<25$	±1.0	
	$25\leqslant t_1<40$	±1.5	
	$t_1\geqslant 40$	±2.0	
t_2	$t_2<16$	±1.0	
	$16\leqslant t_2<25$	±1.5	
	$25\leqslant t_2<40$	±1.7	
	$t_2\geqslant 40$	±2.0	

(3)钢管壁厚的允许偏差应符合其产品标准的要求,主要包括现行国家标准《直缝电焊钢管》(GB/T 13793)、《结构用无缝钢管》(GB/T 8162—2008)、《结构用直缝埋弧焊接钢管》(GB/T 30063—2013)等对钢管壁厚允许偏差的要求,见表 8-7。

表 8-7　钢管壁厚允许偏差

壁厚 t(mm)	允许偏差(mm)
$0.5\leqslant t<1.0$	±0.10
$1.0\leqslant t<5.5$	±1%t
$t\geqslant 5.5$	±12.5%t

对于直缝埋弧焊接钢管,若壁厚 $t \leqslant 20$ mm,允许偏差为 $\pm 10\% t$;若 $t >$ 20 mm,允许偏差为 ± 2.0 mm。

8.5　构件变形检测

1. 检测内容与检测方法

钢构件变形检测的内容包括构件倾斜、挠度,应根据测点间相对位置差计算确定(图 8-4)。

(a)柱倾斜检测　　　　　　　　　　　　　　(b)梁挠度检测

图 8-4　构件变形现场检测

2. 抽样数量

钢构件变形与安装偏差主控项目可采用钢尺检查,并应全数检查,主控项目内容见现行国家标准《钢结构工程施工质量验收标准》(GB 50205—2020)表 8.5.1;钢构件变形与安装偏差一般项目按构件数量抽查 10%,且不应少于3 件,一般项目检测内容见现行国家标准《钢结构工程施工质量验收标准》(GB 50205—2020)附录 C 中表 C.0.3~表 C.0.9。

3. 判定依据

钢构件的变形与安装偏差宜符合下列规定:

(1)钢构件变形与安装偏差主控项目的允许偏差应符合现行国家标准《钢结构工程施工质量验收标准》(GB 50205—2020)表 8.5.1 的要求:单层柱、梁、桁架受力支托(支承面)表面至第一个安装孔距离允许偏差为 ± 1.0 mm;多节柱铣平面至第一个安装孔距离允许偏差为 ± 1.0 mm;实腹梁两端最外侧安装孔距离允许偏差 ± 3.0 mm;构件连接处的截面几何尺寸允许偏差为 ± 3.0 mm;梁、柱连接处的腹板中心线偏移允许偏差为 2.0 mm;受压构件(杆件)弯曲矢高允许偏差为 $L/1\,000$,且不应大于 10.0 mm。

(2)钢构件变形与安装偏差一般项目的允许偏差应符合现行国家标准《钢结构工程施工质量验收标准》(GB 50205—2020)附录C中表 C.0.3～表 C.0.9 的规定。

8.6　构件缺陷与损伤检测

1. 检测内容与检测方法

钢构件缺陷与损伤检测的内容应包括：裂纹、局部变形、人为损伤、腐蚀等项目。钢构件表面裂纹与人为损伤可采用观察和渗透的方法检测，钢构件的内部裂纹可采用超声波探伤法或射线法检测；钢构件的局部变形可采用观察和尺量的方法检测。

2. 检测数量

根据现行国家标准《高耸与复杂钢结构检测与鉴定标准》(GB 51008—2016)第5.1.3条的规定，钢构件的缺陷与损伤宜全部普查。

3. 评定依据

根据现行国家标准《高耸与复杂钢结构检测与鉴定标准》(GB 51008—2016)第5.4.5条的规定，当构件存在裂纹或部分断裂时，应根据损伤程度评定为 c_u 级或 d_u 级；当吊车梁受拉区或吊车桁架受拉杆及其节点板有裂纹时，应根据损伤程度评定为 c_u 级或 d_u 级。

8.7　构件材料强度检测

1. 抽样原则

构件强度检测抽样构件的数量，可根据具体情况确定，但不应少于现行国家标准《建筑结构检测技术标准》(GB/T 50344—2019)中表 3.3.13 规定的相应检测类别的最小样本容量。

2. 检测设备、检测方法和评定依据

详见本书第5章钢结构材料检测。

8.8　钢构件腐蚀检测

1. 检测内容

构件腐蚀检测的内容应包括腐蚀损伤程度、腐蚀速度。钢结构及构件的腐蚀与腐蚀环境密切相关。腐蚀环境是相对的，主要根据构件宏观腐蚀情况划分，区分腐蚀环境的目的是为详细检查选点。实际操作中，应注意调查防腐维修情况，避免被新近的防腐涂层误导。

钢结构使用环境腐蚀性等级,宜根据建筑物所处区域的生产或生活环境评定。根据使用环境长期作用对钢结构的腐蚀状况,可将使用环境分为:严重腐蚀、一般腐蚀、轻微腐蚀和无腐蚀四个等级。

常温下气态介质对钢结构的腐蚀性等级,可根据介质类别以及环境相对湿度,按表8-8的规定评定。当介质含量低于表中下限时,环境腐蚀性等级可降低一级。

表8-8 气态介质对钢结构的腐蚀等级

介质类别	介质名称	介质含量 (mg/m³)	环境相对湿度 (%)	腐蚀性等级
Q1	氯	1～5	＞75	严重腐蚀
			60～75	一般腐蚀
			＜60	一般腐蚀
Q2		0.1～1	＞75	一般腐蚀
			60～75	一般腐蚀
			＜60	轻微腐蚀
Q3	氯化氢	1～15	＞75	严重腐蚀
			60～75	严重腐蚀
			＜60	一般腐蚀
Q4		0.05～1	＞75	严重腐蚀
			60～75	一般腐蚀
			＜60	轻微腐蚀
Q5	氮氧化物（折合二氧化氮）	5～25	＞75	严重腐蚀
			60～75	一般腐蚀
			＜60	一般腐蚀
Q6		0.1～5	＞75	一般腐蚀
			60～75	一般腐蚀
			＜60	轻微腐蚀
Q7	氯化氢	5～100	＞75	严重腐蚀
			60～75	一般腐蚀
			＜60	一般腐蚀
Q8		0.01～5	＞75	一般腐蚀
			60～75	一般腐蚀
			＜60	轻微腐蚀

续上表

介质类别	介质名称	介质含量 （mg/m³）	环境相对湿度 （%）	腐蚀性等级
Q9	氟化氢	5～50	>75	严重腐蚀
			60～75	一般腐蚀
			<60	一般腐蚀
Q10	二氧化硫	10～200	>75	严重腐蚀
			60～75	一般腐蚀
			<60	一般腐蚀
Q11		0.5～10	>75	一般腐蚀
			60～75	一般腐蚀
			<60	轻微腐蚀
Q12	硫酸酸雾	大量作用	>75	严重腐蚀
Q13		少量作用	>75	严重腐蚀
			<60	一般腐蚀
Q14	醋酸酸雾	大量作用	>75	严重腐蚀
Q15		少量作用	>75	严重腐蚀
			≤75	一般腐蚀
Q16	二氧化碳	>2 000	>75	一般腐蚀
			60～75	轻微腐蚀
			<60	轻微腐蚀
Q17	氨	>20	>75	一般腐蚀
			60～75	一般腐蚀
			<60	轻微腐蚀
Q18	碱雾	少量作用	—	轻微腐蚀

　　常温下固态介质（含气溶胶）对钢结构的腐蚀性等级，可根据介质类别和环境相对湿度，按表 8-9 的规定评定。当偶尔有少量介质作用时，腐蚀性等级可降低一级。

表 8-9　固态介质对钢结构的腐蚀等级

介质类别	介质在水中的溶解度	介质的吸湿性	介质名称	环境相对湿度（%）	腐蚀性等级
G1	难溶	—	硅酸盐、磷酸盐与铝酸盐，钙、钡、铅的碳酸盐和硫酸盐，镁、铁、铬、硅的氧化物和氢氧化物	>75	轻微腐蚀
				60～75	
				<60	

续上表

介质类别	介质在水中的溶解度	介质的吸湿性	介质名称	环境相对湿度(%)	腐蚀性等级
G2	易溶	难吸湿	钠、钾、锂的氯化物	>75	严重腐蚀
				60~75	严重腐蚀
				<60	一般腐蚀
G3			钠、钾、铵、锂的硫酸盐和亚硫酸盐，铵、镁的硝酸盐，氯化铵	>75	严重腐蚀
				60~75	一般腐蚀
				<60	轻微腐蚀
G4			钠、钾、钡、铅的硝酸盐	>75	一般腐蚀
				60~75	一般腐蚀
				<60	轻微腐蚀
G5	易溶	难吸湿	钠、钾、铵的碳酸盐和碳酸氢盐	>75	一般腐蚀
				60~75	轻微腐蚀
				<60	无腐蚀
G6			钙、镁、锌、铁、铟的氯化物	>75	严重腐蚀
				60~75	一般腐蚀
				<60	一般腐蚀
G7			镉、镁、镍、锰、锌、铜、铁的硫酸盐	>75	严重腐蚀
				60~75	一般腐蚀
				<60	一般腐蚀
G8	易溶	难吸湿	钠、锌的亚硝酸盐，尿素	>75	一般腐蚀
				60~75	一般腐蚀
				<60	轻微腐蚀
G9			钠、钾的氢氧化钠	>75	一般腐蚀
				60~75	一般腐蚀
				<60	轻微腐蚀

　　若钢结构使用环境中有多种介质同时存在时,腐蚀性等级应取最高者。

　　钢结构使用环境的相对湿度,宜采用地区年平均相对湿度或构配件所处部位的实际相对湿度。室外环境相对湿度,可根据地区降水情况,比年平均相对湿度适当提高。不可避免结露的部位和经常处于潮湿状态的部位,环境相对湿度应大于75%。

2. 检测方法

检测前应先清除待测表面积灰、油污、锈皮；对均匀腐蚀情况，测量腐蚀损伤板件的厚度时，应沿其长度方向选取 3 个腐蚀较严重的区段，且每个区段选取 8～10 个测点测量构件厚度，取各区段量测厚度的最小算术平均值，作为该板件实际厚度，腐蚀严重的，测点数应适当增加；对局部腐蚀情况，测量腐蚀损伤板件的厚度时，应在其腐蚀最严重的部位选取 1～2 个截面，每个截面选取 8～10 个测点测量板件厚度，取各截面量测厚度的最小算术平均值，作为该板件实际厚度，并记录测点位置，腐蚀严重时，测点数可适当增加。

3. 检测数量

钢构件的腐蚀损伤可根据现行国家标准《高耸与复杂钢结构检测与鉴定标准》(GB 51008—2016)第 5.1.3 条的规定，全部普查。

4. 判定依据

板间腐蚀损伤量应取初始厚度减去实际厚度。初始厚度应根据构件未腐蚀部分实测厚度确定。在没有未腐蚀部分的情况下，初始厚度应取下列两个计算之中的较大者：所有区段全部测点的算数平均值加上 3 倍的标准差；公称厚度减去允许负公差的绝对值。

构件后期的腐蚀速度可根据构件当前腐蚀程度、受腐蚀的时间以及最近腐蚀环境扰动等因素综合确定，并可结合结构的后续目标使用年限，判断构件在后续目标使用年限内的腐蚀残余厚度。对于均匀腐蚀，当后续目标使用年限内的使用环境基本保持不变时，构件的腐蚀耐久性年限可根据剩余腐蚀牺牲层厚度、以前的年腐蚀速度确定。对于均匀腐蚀，且后续目标使用年限内的使用环境基本保持不变的情况下，钢结构构件板件的耐久性年限可按下列公式计算：

$$Y = \alpha t / v \tag{8-2}$$

式中　Y——构件的剩余耐久年限(a)；

　　　α——与腐蚀速度有关的修正系数，年腐蚀量为 0.01～0.05 mm 时取 1.0，小于 0.01 mm 时取 1.2，大于 0.05 mm 时取 0.8；

　　　t——剩余腐蚀牺牲层厚度(mm)，按设计规定(或结构承载能力鉴定分析)允许的腐蚀牺牲层厚度减去已经腐蚀厚度计算；

　　　v——以前的年腐蚀速度(mm/a)。

对其他情况，应根据检测结果综合判断。

根据现行国家标准《高耸与复杂钢结构检测与鉴定标准》(GB 51008—2016)第 5.4.3 条的规定，腐蚀钢构件评定其承载力安全等级时，应按下列规定考虑腐蚀对钢材性能和截面损失的影响：

(1)若腐蚀损伤量不超过初始厚度的 25% 且残余厚度大于 5 mm，可不考虑腐蚀对钢材强度的影响；对于普通钢结构，若腐蚀损伤量超过初始厚度的 25% 或残余厚度不大于 5 mm，钢材强度应乘以 0.8 的折减系数；对于冷弯薄壁钢结构，若截面腐蚀大于 10% 时，钢材强度应乘以 0.8 的折减系数。

（2）强度和整体稳定性验算时，构件截面积和模量的取值应考虑腐蚀对截面的削弱。

（3）疲劳验算时，若构件表面发生明显的锈坑，但腐蚀损伤量不超过初始厚度的 5% 时，构件疲劳计算类别不得高于 4 类；若腐蚀损伤量超过初始厚度的 5%，构件疲劳计算类别不得高于 5 类。

8.9　钢构件防腐涂层检测

1. 检测内容

根据现行国家标准《高耸与复杂钢结构检测与鉴定标准》（GB 51008—2016）第 5.3.7 条的规定，涂层的检测项目包括外观质量、涂层完整性和涂层厚度（图 8-5）。

图 8-5　涂层厚度现场检测

2. 检测抽样数量

根据现行国家标准《高耸与复杂钢结构检测与鉴定标准》（GB 51008—2016）第 5.3.7 条的规定，钢构件涂层外观质量可采用观察检查，宜全数普查（图 8-6）；涂层裂纹可采用观察检查和尺量检查，构件抽查数量不应少于 10%，且不应少于 3 根；涂层完整性可采用观察检查，宜全数普查；涂层厚度构件抽查数量不应少于 10%，且不应少于 3 根。

图 8-6 涂层外观检查现场

3.检测设备

钢构件防腐涂层厚度通常采用涂层测厚仪进行检测,依据现行国家标准《钢结构现场检测技术标准》(GB/T 50621—2010),涂层测厚仪的最大量程不应小于1 200 μm,最小分辨率不应大于 2 μm,示值相对误差不应大于3%。

涂层测厚仪测试原理如下:

涂层测厚仪一般采用电磁感应法测量涂层的厚度。将处于工作状态的测量探头放置于被测部件表面,由此产生一个闭合的磁回路,随着移动探头与铁磁性材料间距离的改变,该磁回路将产生不同程度的改变,从而引起磁阻及探头线圈电感的变化。利用这一原理,可以精确地测量探头与铁磁性材料间的距离,该距离即所测的涂层厚度。

目前,国内使用最为普遍的是磁性法和涡流法的测厚仪,测量方法对涂层无损伤,既不破坏被测工件覆层也不破坏基材。

4.检测方法

依据现行国家标准《钢结构现场检测技术标准》(GB/T 50621—2010),防腐涂层厚度的检测应在涂层干燥后进行,同一构件应检测5处,每处应检测3个相距 50 mm 的测点。测点部位的涂层应与钢材附着良好,且应在外观检查合格后进行检测,检测时应避免电磁干扰。测试步骤如下:

(1)选取具有代表性的检测区域,检测前应清除测试点表面防火涂层、灰尘、油污等;

(2)对测试仪器进行二点校准,使用与被测构件基体金属具有相同性质的标准片进行校准,也可用待涂覆构件进行校准;

(3)测试时,测点距构件边缘或内转角处的距离不宜小于 20 mm。探头与测点表面应垂直接触,接触时间宜保持 1~2 s,读取仪器显示的测量值。

5.评定依据

依据现行国家标准《钢结构现场检测技术标准》(GB/T 50621)及《钢结构工程施工质量验收标准》(GB 50205),当设计有厚度要求时,每处3个测点的涂层厚度平均值不应小于设计厚度的85%,同一构件上15个测点的涂层厚度平均值不应小于设计厚度;当设计对涂层厚度无要求时,涂层干漆膜总厚度要求为:室外应为 150 μm,室内应为 125 μm,其允许偏差应为 -25 μm。

8.10　钢构件防火涂层检测

当构件采用防火涂层保护时,可进行防火涂层质量检测。

钢结构防火涂料分膨胀型和非膨胀型,主要有超薄型、薄型、厚型3种。防火涂料一般需要进行外观检测和涂层厚度检测。

防火涂层测试应在涂层干燥后进行。

1. 防火涂装外观检测

(1)检测依据

《钢结构工程施工质量验收标准》(GB 50205);

《钢结构防火涂料应用技术规程》(CECS 24)。

(2)检测数量

按构件数抽查10%,且同类构件不应少于3件。

(3)检测方法

观察和用尺量检查。

(4)检测结果

防火涂料不应有误涂、漏涂,涂层应闭合且无脱层、空鼓、明显凹陷、粉化松散和浮浆等外观缺陷,乳突已剔除。

超薄型防火涂料涂层表面不应出现裂纹;薄涂型防火涂料涂层表面裂纹宽度不应大于0.5 mm;厚涂型防火涂料涂层表面裂纹宽度不应大于1.0 mm。

2. 防火涂装涂层厚度检测

(1)检测依据

《钢结构现场检测技术标准》(GB/T 50621);

《钢结构工程施工质量验收规范》(GB 50205);

《钢结构防火涂料应用技术规程》(CECS 24)。

(2)检测数量

①按构件数抽查10%,且同类构件不应少于3件;

②楼板和墙体防火涂层厚度检测时,可选用相邻纵、横轴线相交的面积为一个构件,在其对角线上,每米长度选1个测点,每个构件不应少于5个测点;

③全钢框架结构的梁和柱的防火涂层厚度测定,在构件长度内每隔3 m取一截面,且每个构件不应少于2个截面,并按图8-7所示位置测试;

④桁架结构的上弦和下弦,每隔3 m取一截面检测,其他腹杆每根取一截面检测。

3. 检测设备

膨胀型(超薄型、薄涂型)防火涂料采用涂层厚度测量仪,可参照本章防腐涂装的方法进行检测。

厚涂型防火涂料的涂层厚度采用测针和卡尺进行检测。用于检测的卡尺尾部应有可外伸的窄片;测针(厚度测量仪)由针杆和可滑动的圆盘组成,圆盘始终保持与针杆垂直,并在其上装有固定装置,圆盘直径不大于30 mm,以保证完全接

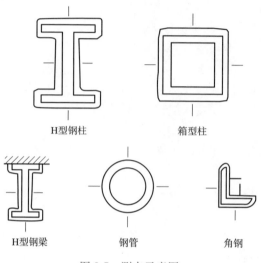

H型钢柱　　　　　　　　箱型柱

H型钢梁　　　　　　钢管　　　　　　角钢

图 8-7　测点示意图

触被测试件的表面。

检测设备的量程应大于被测的防火涂层厚度,且设备的分辨率不应低于0.5 mm。

4. 检测方法与步骤

(1)检测前,应清除测试点表面的灰尘、附着物等,并应避开构件的连接部位;

(2)检测时,在测点处应将仪器的探针或窄片垂直插入防火涂层直至钢材防腐涂层表面(图 8-8),并记录标尺读数,测试值应精确到 0.5 mm;

(3)当探针不易插入防火涂层内部时,可采取防火涂层局部剥除的方法进行检测。剥除面积不宜大于15 mm×15 mm;

(4)检测时,楼板和墙面所选择的面积中,应至少测出 5 个点;梁和柱所选择的位置中,应分别测出 6 个和 8个点,并分别计算出它们的平均值,且精确到 0.5 mm。

5. 检测结果评定与要求

膨胀型(超薄型、薄涂型)防火涂料、厚涂型防火涂料的涂层厚度及隔热性能应符合国家现行标准耐火极限的要求,且不应小于 −200 μm。当采用厚涂型防火涂料涂装时,80% 及以上涂层面积应符合国家现行标准耐火极限的要求,且最薄处厚度不应低于设计要求的 85%。

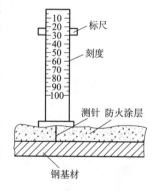

图 8-8　测厚度示意图

8.11 索力检测

8.11.1 检测目的

索力检测是既有结构检测中非常重要的环节,目前建筑结构检测鉴定规范对索力鉴定并没有做明确规定,但当高铁站房屋面存在拉索构件且作为关键传力路径时,应对其实际索力进行检测。

8.11.2 检测设备

索直径<28 mm:张力检测仪。

索直径通用:无线索力仪。

1. 张力检测仪

(1)设备部件

张力检测仪(以下简称张力仪)适用于电气化铁路施工、电力行业、桥梁、煤矿行业、通信行业、交通运输行业、玻璃墙幕装饰行业、索道运(电梯、起重)行业、建筑行业、游乐场所、隧道施工、渔业捕捞与各大科研院所和教学机构实验室、检测机构及涉及钢索、绳索、缆绳、钢索、钢丝绳、钢绞线、钢芯铝绞线张拉力检测的场合,如图8-9所示。具有张紧力的绳索结构,不需拆卸即可直接测量。

但张力仪受测量原理和尺寸限值,只能适用于较细的拉索。

图8-9 张力检测仪

(2)工作原理

利用力分解原理(图8-10),当系统平衡时:

$$T = 2F \times \cos\left(\frac{\alpha}{2}\right) \tag{8-3}$$

式中 T——推力(kN);

F——索拉力（kN）；

α——索两侧的索夹角（°）。

当 α 固定时，T 与 F 成正比，让力 T 作用在力敏传感器上，力敏传感器输出信号，经电路运算、修正、放大后显示在显示屏上的数值就是所测索的张力。

图 8-10　张力仪力学示意图

2. 无线索力仪

（1）设备部件

无线索力仪（以下简称索力仪）使用时与拉索捆绑，通过测量拉索的动力特性，间接换算出拉索的张力。索力仪对拉索的直径无特别要求，适用于常见的建筑结构拉索。索力仪测试拉索张力的主要部件见表 8-10。

表 8-10　无线索力仪测试拉索张力的主要部件

部件实物	部件名称	部件用途
	无线索力测试仪	核心部件
	天线	数据通信
	无线 AP	数据通信
	网线	数据通信
	绑带	固定支座

（2）设备连接

通过 AP 进行无线通信共分为两种连接方式，如图 8-11 所示，AP 与 PC 之间通过网线连接；如图 8-12 所示，AP 与 PC 之间通过无线连接。

图 8-11　AP 与 PC 之间通过网线连接示意图

图 8-12　AP 与 PC 之间通过无线连接示意图

8.11.3　结果评定

针对索力检测结果，应分析实测值与设计索力的偏差，判断显著超张拉和松弛区域。

8.11.4 案 例

某既有高铁站采用无线索力测试仪对雨棚钢结构的全部钢索索力进行检测，每榀主桁架的索力测点布置如图 8-13～图 8-16 所示。

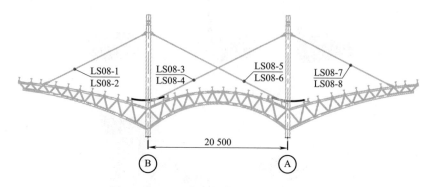

图 8-13　ZHJ1 索力测点立面图（单位：mm）

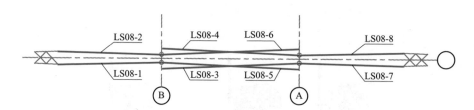

图 8-14　ZHJ1 索力测点平面图

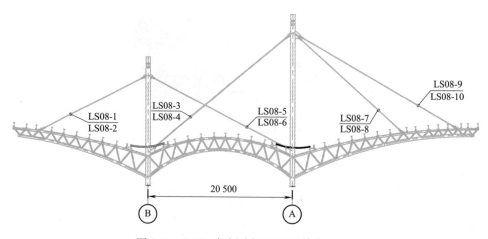

图 8-15　ZHJ2 索力测点立面图（单位：mm）

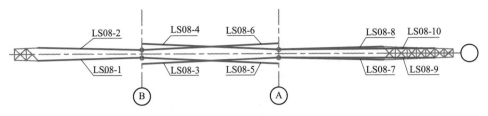

图 8-16　ZHJ2 索力测点平面图

索力值低于拉索张拉施工终值 20% 的为钢拉索处于松弛状态,索力值超过拉索张拉施工终值 20% 的为钢拉索处于超张拉状态。索力偏差值分布区间统计见表 8-11,处于松弛状态(蓝色)和超张拉状态(红色)的钢拉索分布如图 8-17 所示。

表 8-11　索力检测区间统计

轴　线	索直径 (mm)	区　　间							
		<−40%	<−20%	<0%	<20%	<40%	<60%	<80%	≥80%
1~7 15~23	φ5×55	13	28	47	31	3	5	1	0
		10%	22%	37%	24%	2%	4%	1%	0%
8~14	φ5×55	5	8	8	9	6	7	9	4
		9%	14%	14%	16%	11%	13%	16%	7%
8~14	φ5×91	0	4	7	1	0	1	1	0
		0%	29%	50%	7%	0%	7%	7%	0%

结果表明,结构两侧(1~7 轴、15~23 轴)的索力以负偏差为主,69% 的索集中在 [−60%,0] 范围内,中间部位(8~14 轴)的 φ5 mm×55 索以正偏差为主,63% 的索集中在 [0,100%] 的范围内;φ5 mm×91 索以负偏差为主,但偏差值主要集中在 [−20%,0] 范围内。索力负偏差最大位置为 LS04-07,松弛 −56%;索力正偏差最大位置为 LS12-09,超过 110%。整体索力偏差分布以松弛为主,局部因内力重分布造成索力增大。

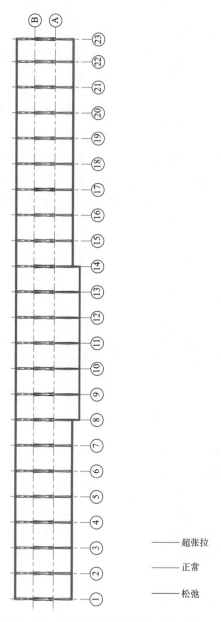

图 8-17 检测出钢拉索张拉状态分布情况

9　节点连接检测

9.1　常见节点的检测

9.1.1　梁柱、梁梁节点检测

（1）检测内容：节点及其零部件的尺寸、构造。对于采用端板连接的梁柱连接，应重点检测端板是否变形、开裂，其厚度是否满足设计或规范要求；梁（柱）与端板的连接焊缝是否开裂；端板的连接螺栓是否松动、脱落。

（2）检测抽样：检测节点类型和数量应具有代表性，节点的抽检数量应不少于3个[10]。

（3）计算评定：节点的安全性必须基于节点的实际几何尺寸、构造形式、施工质量和工作状态建立计算模型，并进行计算和评定[10]。对于采用栓焊或全焊的框架梁柱、梁梁连接，还应验算节点承载力是否满足抗震规范要求。

9.1.2　网架螺栓球节点和焊接球节点检测

（1）检测内容：网架节点零件原材料、尺寸、焊缝；螺栓球节点网架现场检测还包括螺栓断裂、锥头或封板裂纹、套筒松动和节点锈蚀程度；焊接球节点网架现场检测还包括球壳壁厚、球壳变形、两个半球对口错边量、球壳裂纹、焊缝裂纹和节点锈蚀程度等。

（2）检测抽样：检测节点类型和数量应具有代表性，节点的抽检数量应不少于3个。

（3）计算评定：节点的安全性必须基于节点的实际几何尺寸、构造形式、施工质量和工作状态建立计算模型，并进行计算和评定。

9.1.3　相贯节点检测

（1）检测内容：包括相贯节点处杆件尺寸配比、杆件壁厚、杆件相贯关系、焊缝尺寸、母材或焊缝的裂纹损伤、杆件的屈曲变形以及节点插件的损伤状况。

（2）检测抽样：检测节点类型和数量应具有代表性，节点的抽检数量应不少于3个。

(3)计算评定:节点的安全性必须基于节点的实际几何尺寸、构造形式、施工质量和工作状态建立计算模型,并进行计算和评定。

若相贯节点处的焊缝尺寸、杆件几何尺寸出现不符合设计或异常变形的情况,则应根据实际情况重新验算节点承载力。

9.1.4　钢索连接节点检测

(1)检测内容:索节点锚具(锚杯)的裂纹损伤、索与锚具(锚杯)或夹具间的滑移、索节点处索保护层的损伤、索中钢丝破断数量、索节点锚塞的密实程度、索节点其他零件的工作状态和损伤状况。

(2)检测方法:索节点不同的零部件采用不同的方法,锚具(锚杯)的裂纹损伤,可采用放大镜或其他无损检测方法检测;索与锚具(锚杯)或夹具间的滑移量可用百分表测量;索节点处保护层的损伤可用目测检查,索中钢丝破断状况可采用无损检测方法检测;索节点锚塞的密实程度可采用放大镜检查;索节点其他零件工作状态和损伤检测应采用相应的无损检测方法。

(3)检测抽样:检测节点类型和数量应具有代表性,节点的抽检数量应不少于3个。

(4)计算评定:节点的安全性必须基于节点的实际几何尺寸、构造形式、施工质量和工作状态建立计算模型,并进行计算和评定。

9.1.5　铸钢节点检测

(1)检测内容:包括节点原材料、几何形状和尺寸、裂纹、内部缺陷和锈蚀程度。

(2)检测方法:铸钢节点的几何尺寸可采用三维坐标测量仪进行测量;裂纹、冷缩、缩孔、疏松等内部缺陷可采用无损探伤方法进行检测。

(3)检测抽样:检测节点类型和数量应具有代表性,节点的抽检数量应不少于3个。

(4)计算评定:节点的安全性必须基于节点的实际几何尺寸、构造形式、施工质量和工作状态建立计算模型,并进行计算和评定。

9.1.6　支座节点检测

(1)节点类型:包括屋架支座、桁(托)架支座、柱脚、网架(壳)支座。

(2)检测内容:包括支座偏心与倾斜、支座沉降、支座锈蚀、连接焊缝裂纹、锚栓变形或断裂、螺帽松动或脱落、限位装置是否有效、铰支座能否自由转动或滑动等。

(3)检测抽样:检测节点类型和数量应具有代表性,节点的抽检数量应不少于3个。

（4）计算评定：节点的安全性必须基于节点的实际几何尺寸、构造形式、施工质量和工作状态建立计算模型，并进行计算和评定。

9.1.7 其他形式的节点

其他形式的节点，应根据其构造和受力特点确定检测内容、检测方法、抽样比例和评定标准。

9.2 节点选型检测

节点选型包含了节点域内构件的相对位置、板件连接方式、构造加劲形式等。节点选型的偏差将直接影响构件在该节点处的传力模式，从而改变结构的关键传力路径，影响结构安全。

检测目的：复核节点构造形式、连接方式、传力模式是否与原设计相符；

检测抽样：关键传力路径上的节点应全数检查。

结果评价：与原设计不相符的节点选型，将以等效的边界条件形式引入到既有结构计算分析中，并直接影响安全性鉴定评级。

9.2.1 梁梁节点

案例：设计的焊接 H 型钢梁梁拼接节点为上下翼缘对接焊缝，腹板采用螺栓群连接，无其他构造加劲，见表 9-1。

实际节点的上下翼缘采用对接等强焊缝，腹板螺栓群数量和排列与设计一致。因此，实际节点选型与设计相符。

表 9-1　梁梁节点检测情况

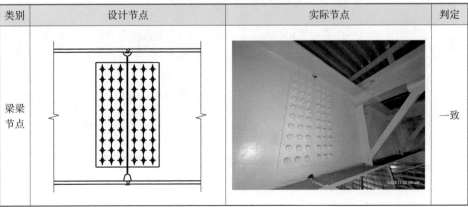

类别	设计节点	实际节点	判定
梁梁节点			一致

9.2.2　檩条节点

案例:原设计檩条与钢梁上翼缘刚接,檩条拼接节点在伸出钢梁翼缘处,另设一道隅撑至钢梁下翼缘,保证檩条的承受的弯矩有效传递至钢梁。实际节点的构造连接形式与原设计相符(表 9-2)。

表 9-2　檩条节点检测实测

类别	设计节点	实际节点	判定
檩条节点	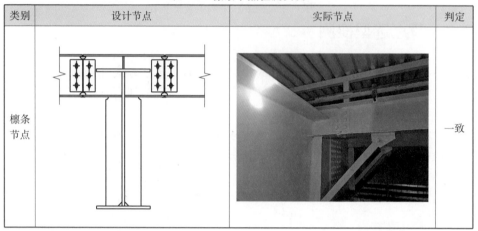		一致

常见的檩条拼接节点存在的问题有:拼接截面未对齐、拼接螺栓缺失、上下连接板未安装螺栓等,如图 9-1 所示。

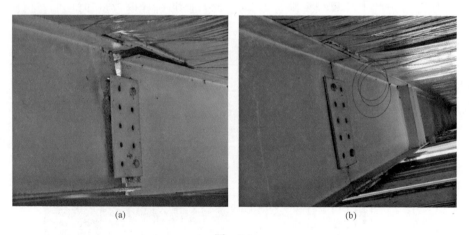

(a)　　　　　　　　　　　　　(b)

图　9-1

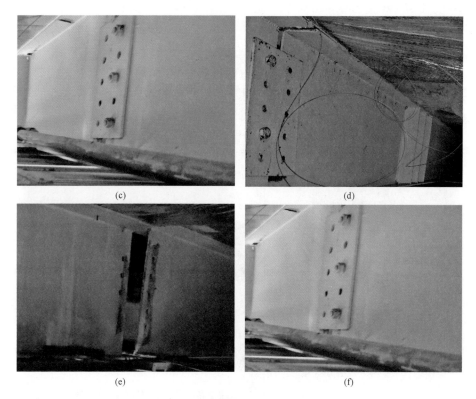

图 9-1 檩条拼接节点的常见问题

9.2.3 屋面支撑拉条节点

案例:原设计拉条通过单耳板销轴固定至檩条节点下方,并增设加劲肋保证局部板件的稳定性。实际节点与原设计相符。屋面支撑拉条节点检测见表 9-3。

表 9-3 屋面支撑拉条节点检测实测

类别	设计节点	实际节点	判定
屋面支撑节点	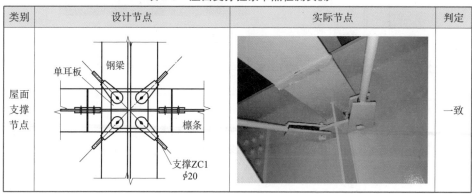		一致

9.2.4 支撑端部节点

案例:原设计交叉支撑端部节点通过两块斜向伸出的钢板和螺栓连接固定至钢梁,实际节点以 H 型钢直接与钢梁连接,且挤压空间至改变了圆管支撑的节点板尺寸,影响了圆管节点的传力,与原设计不相符(表 9-4)。

表 9-4 支撑端部节点检测实测

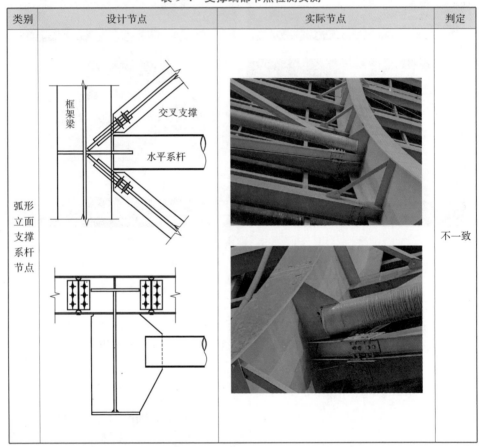

类别	设计节点	实际节点	判定
弧形立面支撑系杆节点			不一致

9.2.5 交叉支撑中部节点

案例:原设计节点采用焊缝连接形式,将一侧支撑打断焊接至另一侧支撑上,节点位置在交叉点处。实际节点采用全螺栓连接,节点位置伸出支撑翼缘外,与原设计不相符(表 9-5)。

表 9-5　交叉支撑中部节点检测实测

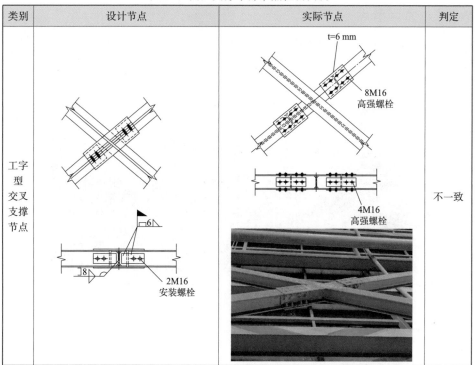

类别	设计节点	实际节点	判定
工字型交叉支撑节点	(设计图：2M16 安装螺栓)	t=6 mm；8M16 高强螺栓；4M16 高强螺栓	不一致

9.2.6　梁柱节点

案例：原设计梁柱节点采用翼缘坡口对接焊缝连接、腹板螺栓群连接形式，将工字型梁连接至钢管柱，并在柱对应翼缘位置增设加劲肋辅助传递上下翼缘弯矩，实际节点与原设计相符（表 9-6）。

表 9-6　梁柱节点检测实测

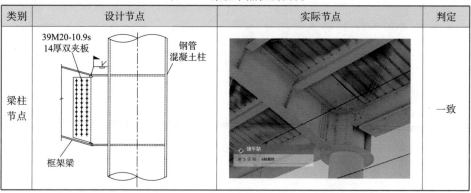

类别	设计节点	实际节点	判定
梁柱节点	39M20-10.9s；14厚双夹板；钢管混凝土柱；框架梁		一致

9.2.7　索网节点

案例：原设计索网节点中竖索在外，横索在里，通过索具进行半刚性固定。实际节点与原设计相符（表9-7）。

表 9-7　索网节点检测情况

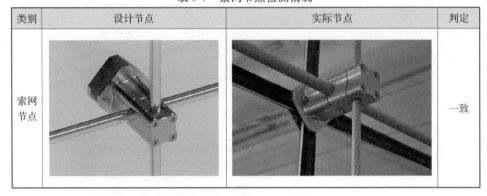

类别	设计节点	实际节点	判定
索网节点			一致

9.3　节点连接尺寸检测

9.3.1　检测目的

节点连接尺寸检测是在节点选型的基础上进一步对构成节点域的焊缝、连接件、构造板件的几何尺寸、相对位置进行测量，从而确认节点连接尺寸与原设计相符，并满足规范标准的要求。

9.3.2　检测参数

节点连接尺寸检测主要包括以下参数：节点板高度、宽度、厚度，螺栓群横向中心距、纵向中心距、螺栓边缘距离、螺栓等级标识。节点连接尺寸检测现场如图9-2所示。

9.3.3　结果评价

当实测结果小于原设计尺寸时，应按实测尺寸重新进行节点安全性验算，并以验算结果评级。

图 9-2　节点尺寸现场检测

9.3.4　节点尺寸检测案例

以深圳坪山站为例,依据《高耸与复杂钢结构检测与鉴定标准》(GB 51008—2016)表 6.4.1,对框架梁、梁柱节点、檩条、支撑等节点构造尺寸进行复核。

弧形立面水平系杆的节点板厚度与原设计不符,实测结果见表 9-8,抽检节点板厚度设计值 20 mm,实测值 9.8 mm,厚度是设计值的一半。原设计构造尺寸如图 9-3 所示。

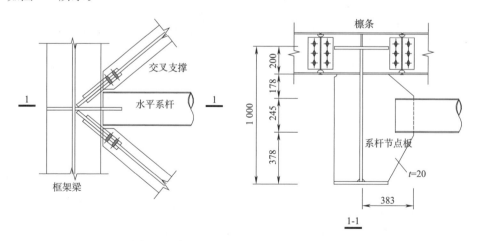

图 9-3　水平系杆节点构造设计(单位:mm)

抽检弧形立面水平系杆节点焊缝尺寸,编号如图 9-4 所示,检测结果见表 9-9。实测焊缝 HF1 未满焊,平均长度 242 mm,小于设计长度 799 mm,焊脚高度 5 mm,小于设计高度 10 mm,实测未见焊缝 HF2,与原设计不符。

表 9-8 弧形立面水平系杆节点板尺寸复核(mm)

节点编号	尺寸类型	设计值	实测值	偏　　差
JD-CG2-7(1)	节点板厚度	20	9.8	−10.2
JD-CG2-7(2)	节点板厚度	20	9.8	−10.2
JD-CG2-10(1)	节点板厚度	20	9.8	−10.2
JD-CG2-10(2)	节点板厚度	20	9.8	−10.2

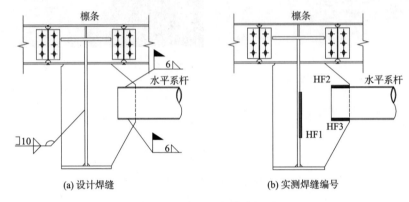

(a) 设计焊缝　　　　　　(b) 实测焊缝编号

图 9-4 水平系杆节点焊缝

表 9-9 立面水平系杆焊缝尺寸(mm)

节点编号	焊缝编号	焊脚高度	焊缝长度
JD-CG2-7-1(2)	HF1	5	235
JD-CG2-8-1(1)	HF1	4	250
	HF3	9.5	145
JD-CG2-9-3(1)	HF1	4.5	233
	HF3	9.5	148
JD-CG2-9-3(2)	HF1	5	254
	HF3	11	142
JD-CG2-7-4(1)	HF1	4.5	238
	HF3	10	137

9.4 节点连接腐蚀和损伤检测

节点连接腐蚀和损伤检测,可按构件损伤检测的规定进行检测和评定。常见的节点连接损伤检测结果案例如图 9-5 所示。案例采用渗透探伤方法对节点连接部位进行检测，检测结果发现连接部件呈现线性裂纹，并呈扩展趋势。

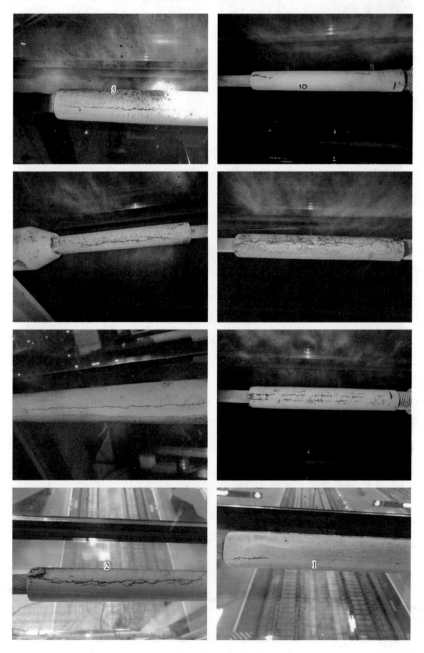

图 9-5

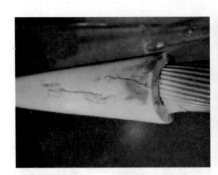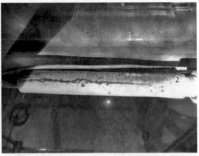

图 9-5　节点连接损伤检测结果案例

9.5　焊缝连接的检测与鉴定

9.5.1　一般要求

焊缝连接鉴定必须基于焊缝的实际几何尺寸、构造形式、施工质量和损伤退化程度进行安全性评定,准确检测焊缝现状是评定焊缝的前提条件和基础[9]。

焊缝检测的抽样应保证抽样具有代表性,抽样方法应符合以下规定[12]:

(1)焊缝处数的计数方法:工厂制作焊缝长度小于等于 1 000 mm 时,每条焊缝为 1 处;长度大于 1 000 mm 时,将其划分为每 300 mm 为 1 处;现场安装焊缝每条焊缝为 1 处;

(2)检查批可按下列方法确定:

①多层框架结构可以每节柱的所有构件组成批;

②安装焊缝可以区段组成批;多层框架结构可以每层(节)的焊缝组成批。

(3)批的大小宜为 300~600 处;

(4)抽样检查除特别指定焊缝外,其他均应采用随机取样方式。

9.5.2　焊缝外观质量检验

(1)主控项目检验

质量要求:焊缝表面不得有裂纹、焊瘤等缺陷。一级、二级焊缝不得有表面气孔、夹渣、弧坑裂纹、电弧擦伤等缺陷,且一级焊缝不许有咬边、未焊满、根部收缩等缺陷。

检查数量:每批同类构件抽查 10%,且不应少于 3 件;被抽查构件中,每一类型焊缝按条数抽查 5%,且不应少于 1 条;每条检查 1 条,总抽查数不应少于 10 处。

检验方法:观察检查或使用放大镜、焊缝量规定和钢尺检查,当存在疑义时,采用渗透或磁粉探伤检查。

(2)一般项目检验

①二级、三级焊缝外观质量:应符合现行国家标准《钢结构工程施工质量验收标准》(GB 50205)的规定。三级对接缝应按二级焊缝标准进行外观质量检验。

检查数量:每批同类构件抽查10%,且不应少于3件;被抽查构件中,每一类型焊缝按条数抽查5%,且不应少于1条;每条检查1条,总抽查数不应少于10条。

检验方法:观察检查或使用放大镜、焊缝量规和钢尺检查。

②角焊缝外观质量:直接焊接成凹形的角焊缝,焊缝金属与母材间应平缓过渡;加工成凹形的角焊缝,不得在其表面留下切痕。

检查数量:每批同类构件抽查10%,且不应少于3件。

检验方法:观察检查。

③焊缝其他外观质量:外形均匀、成型良好,焊道与焊道、焊道与基本金属间过渡较平滑,焊渣和飞溅物基本清除干净。

检查数量:每批同类构件抽查10%,且不应少于3件;被抽查构件中,每种焊缝按数量各抽查5%,总抽查处不应少于5处。

检验方法:观察检查。

9.5.3　焊脚尺寸检测

T形接头、十字接头、角接接头等要求熔透的对接和角对接组合焊缝及设计有疲劳验算要求的吊车梁或类似构件的腹板与上翼缘连接焊缝,均应进行焊脚尺寸检测。

(1)主控项目

T形接头、十字接头、角接接头等要求熔透的对接和角对接组合焊缝,其焊脚尺寸不应小于$t/4$[图 9-6(a)、(b)、(c)];设计有疲劳验算要求的吊车梁或类似构件的腹板与上翼缘连接焊缝的焊脚尺寸为$t/2$[图 9-6(d)],且不应大于 10 mm。焊脚尺寸的允许偏差为0～4 mm。

检查数量:资料全数检查;同类焊缝抽查10%,且不应少于3条。

检验方法:观察检查,用焊缝量规抽查测量。

(2)一般项目

焊缝尺寸允许偏差应符合现行国家标准《钢结构工程施工质量验收规范》GB 50205 附录 A 中表 A.0.2 的规定。

检查数量:每批同类构件抽查10%,且不应少于3件;被抽查构件中,每种焊

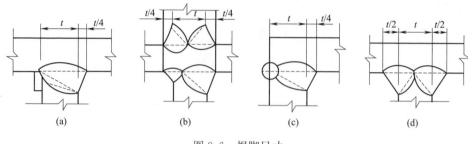

图 9-6　焊脚尺寸

缝按条数各抽查 5％,但不应少于 1 条;每条检查 1 条,总抽查数不应少于 10 处。

检验方法:用焊缝量规检查。

9.5.4　焊缝探伤检验

（1）质量要求

原设计要求全焊透的一、二级焊缝应采用超声波探伤进行内部缺陷检验,超声波探伤不能对缺陷做出判断时,应采用射线探伤。焊缝内部缺陷分级及探伤方法应符合现行国家标准《钢焊缝手工超声波探伤方法和探伤结果分级法》（GB 11345）或《钢熔化焊对接接头射线照相和质量分级》（GB 3323）的规定。

焊接球节点网架焊缝、螺栓球节点网架焊缝及圆管 T、K、Y 形节点相贯线焊缝,内部缺陷分级及探伤方法应分别符合国家现行标准《钢结构超声波探伤及质量分级法缝超声波探伤方法及质量分级法》（JG/T 203）、《建筑钢结构焊接技术规程》（JGJ 81）的规定。

（2）检查数量

每批同类构件抽查 10％,且不应少于 3 件;被抽查构件中,每种焊缝按数量各抽查 5％,总抽查处不应少于 5 处。

（3）检验方法

一般采用渗透探伤和超声波探伤检测（图 9-7）。

9.5.5　超声波探伤

超声波探伤是钢结构无损检测的主要方法,用于全熔透对接焊缝和内部缺陷的检测,依据设计要求和验收规范对构件节点质量进行评级。

1. 检测依据

《钢结构工程施工质量验收标准》（GB 50205）。

《焊缝无损检测超声检测技术、检测等级和评定》（GB/T 11345）。

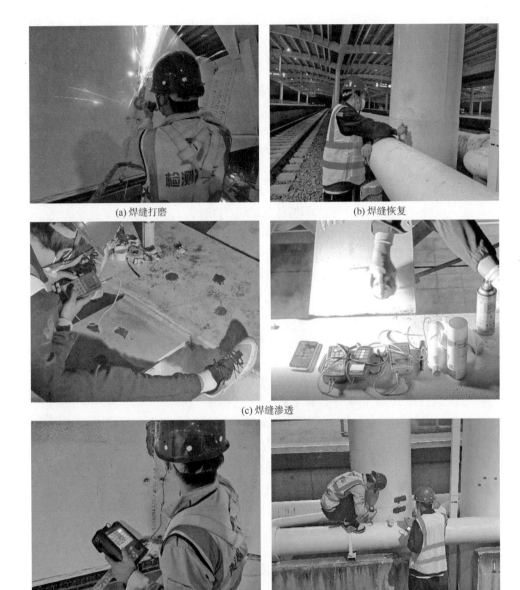

(a) 焊缝打磨　　　　　　　　　　(b) 焊缝恢复

(c) 焊缝渗透

(d) 焊缝超声探伤

图 9-7　焊缝探伤检测

《钢结构超声波探伤及质量分级法》(JG/T 203)。

2. 检测设备

超声波检测仪应符合现行国家标准《无损检测　应用导则》(GB/T 5616)和

现行行业标准《A 型脉冲反射式超声波探伤仪　通用技术条件》(JB/T 10061)的规定。

超声波检测仪应定期进行性能测试,仪器性能测试应按现行行业标准《无损检测 A 型脉冲反射式超声检测系统工作性能测试方法》(JB/T 9712)推荐的方法进行。

(1)探头。超声波检测用探头的检查频率、折射角、晶片尺寸等参数应符合现行国家标准《无损检测　应用导则》(GB/T 5616)的要求。

(2)试块。试块应符合现行国家标准《无损检测　超声检测用试块》(GB/T 23905)的要求。

超声波探伤应使用两种类型试块:标准试块(校准试块)和对比试块(参考试块)。

(3)耦合剂。应选用适当的液体或糊状物作为耦合剂,耦合剂应具有良好透声性和适宜流动性,不应对材料和人体有损伤作用,同时应便于检验后清理。

典型的耦合剂为机油、甘油和浆糊,耦合剂中可加入适量的润湿剂或活性剂以便改善耦合性能。

在试块上调节仪器和产品检验应采用相同的耦合剂。

3. 检测步骤

(1)确定超声检验等级

检验等级分为 A、B、C 三级,A 级检验的完善程度最低,B 级一般,C 级最高;检验难度系数按 A、B、C 顺序逐级增高。

A 级检验采用一种角度的探头在焊缝的单面单侧进行检验,只对允许扫查到的焊缝截面进行探测,一般不要求进行横向缺陷的检测。

B 级检验采用一种角度探头在焊缝的单面双侧进行检测,对整个焊缝截面进行扫查。

C 级检验至少要采用两种角度探头在焊缝的单面双侧进行检测,对整个焊缝截面进行扫查,同时要进行两个扫查方向和两种探头角度的横向缺陷检测。

(2)确定探伤灵敏度

探伤操作时的距离一波幅曲线灵敏度见表 9-10。

表 9-10　距离-波幅曲线的灵敏度

项　　目	A	B	C
	8～50	8～300	8～300
判废线	DAC	DAC-4 dB	DAC-2 dB
定量线	DAC-10 dB	DAC-10 dB	DAC-8 dB
评定线	DAC-16 dB	DAC-16 dB	DAC-14 dB

探测横向缺陷时,将各级灵敏度均提高 6 dB。

(3)母材的检查

采用 C 级检验时,焊缝附近的母材区域在用斜探头检查合格后,还应用直探头再次检查,以便探测是否有影响斜角探伤结果的分层或其他种类缺陷存在。

(4)焊缝探伤操作

焊缝探伤操作的扫查方式主要包括:转动、环绕、左右、前后、锯齿形等。探伤操作中的缺陷数据记录应符合以下规定:

最大反射波幅位于 DAC 曲线Ⅱ区的非危险性缺陷,其指示长度小于 10 mm时,按 5 mm 计。

在检测范围内,相邻两个缺陷间距不大于 8 mm 时,两个缺陷指示长度之和作为单个缺陷的指示长度;相邻两个缺陷间距大于 8 mm 时,两个缺陷分别计算各自指示长度。

4. 结果评价

(1)根据现行国家标准《焊缝无损检测　超声检测　技术、检测等级和评定》(GB/T 11345)检验结果等级分 A、B、C 三级,缺陷评定等级分Ⅰ、Ⅱ、Ⅲ、Ⅳ四级(表 9-11)。

(2)最大反射波幅位于Ⅱ区的非危险性缺陷,根据缺陷指示长度 ΔL 按表 9-11 评级;

(3)最大反射波幅不超过评定线(未达到Ⅰ区)的缺陷均评为Ⅰ级;

(4)最大反射波幅超过评定线不到定量线的非裂纹类缺陷均评为Ⅰ级;

(5)最大反射波幅超过评定线的缺陷,检测人员判定为裂纹等危害性缺陷时,无论其波幅和尺寸如何均评定为Ⅳ级。

表 9-11　缺陷的等级分类(mm)

评定等级	检验等级		
	A	B	C
	板厚 8～50	板厚 8～300	板厚 8～300
Ⅰ	$2t/3$,最小 12	$t/3$,最小 10,最大 30	$t/3$,最小 10,最大 20
Ⅱ	$3t/4$,最小 12	$2/3t$,最小 12,最大 50	$t/2$,最小 10,最大 30
Ⅲ	$<t$,最小 20	$3/4t$,最小 16,最大 75	$2t/3$,最小 12,最大 50
Ⅳ	超过Ⅲ级者		

注:t 为坡口加工侧母材板厚,母材板厚不同时,以较薄侧板厚为准。

9.5.6　磁粉探伤

1. 检测依据

(1)《钢结构工程施工质量验收标准》(GB 50205)。

(2)《无损检测　焊缝磁粉检测》(JB/T 6061)。

2. 磁粉检测的设备与器材

(1)磁粉探伤装置

磁粉探伤用磁轭装置应适合试件的形状、尺寸、表面状态,并满足对缺陷的检测要求,并应符合现行国家标准《无损检测　磁粉检测》(GB/T 15822)的技术要求。

(2)磁悬液

磁悬液中的磁粉浓度一般非荧光磁粉为 $10 \sim 25$ g/L,荧光磁粉为 $1 \sim 2$ g/L。磁悬液的配置及检验应符合现行国家标准《无损检测　磁粉检测　第 2 部分:检测介质》(GB/T 15822.2)的规定。

(3)照明要求

非荧光磁粉检测应采用自然日光或灯光,亮度应大于 500 lx;荧光磁粉应使用黑光灯装置,照射距离试件表面在 380 mm 时测定紫外线辐照度应大于 $8 \mu W/mm^2$,观察面亮度应小于 20 lx。

(4)灵敏度试片

A 型灵敏度试片用 $100 \mu m$ 厚的软磁材料制成,型号有 1 号、2 号、3 号三种,其中人工槽深度分别为 $15 \mu m$、$30 \mu m$ 和 $60 \mu m$。A 型灵敏度试片中有圆形和十字形人工槽;几何尺寸如图 9-8 所示。

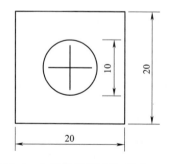

图 9-8　A 型灵敏度试片(单位:mm)

当使用 A 型灵敏度试片有困难时,可用 C 型灵敏度试片(直线刻槽试片)来代替。C 型灵敏度试片其材质和 A 型灵敏度试片相同,其试片厚度为 $50 \mu m$,人工槽深度为 8 μm，几何尺寸如图 9-9 所示。

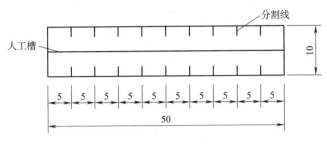

图 9-9 C 型灵敏度试片(单位:mm)

3. 检测步骤

(1)磁粉检测步骤包括:预先准备、磁化、施加磁粉、磁痕观察与记录、后处理等。

(2)预先准备应符合下列要求:

①对试件探伤面应进行处理,清除检测区域内试件上的附着物(油漆、油脂、涂料、焊接飞浅、氧化皮等);处理范围应由焊缝向母材方向延伸 20 mm。

②选用磁悬液时,应根据试件表面的状况和试件使用要求,确定采用油剂载液还是水剂载液。

③根据现场条件、灵敏度要求,确定用荧光磁粉或非荧光磁粉。

④根据被测试件的形状,尺寸选定磁化方法。

(3)磁化及磁粉施加应符合下列要求:

①磁化时,磁场方向应尽量与探测的缺陷方向垂直,与探伤面平行。

②当无法确定缺陷方向或有多个方向的缺陷时,应采用旋转磁场或采用两次不同方向的磁化。采用两次不同方向的磁化时,两次磁化方向之间应垂直。

③用磁轭检测时,应有重叠覆盖区,磁轭每次移动的重叠覆盖部分应在 10～20 mm 之间。

④用触头法时,每次磁化的长度范围为 75～200 mm,检测时,应保持触头端干净,触头与被检表面接触应良好,电极下宜采用衬垫,避免触头烧灼损坏被检表面。

⑤探伤装置在被检部位放稳后才能接通电源,移去时应先断开电源。

⑥在施加磁悬液时,可先喷洒一遍磁悬液使被测部位表面湿润,在磁化时再次喷洒磁悬液。磁悬液一般应喷洒在行进方向的前方,磁化需一直持续到磁粉施加完成为止,形成的磁痕不能被流动的液体所破坏。

(4)磁痕观察与记录应符合下列要求:

①磁痕的观察应在磁悬液施加形成磁痕后立即进行。

②非荧光磁粉的磁痕应在光线明亮处进行观察。采用荧光磁粉时,应使用黑光灯装置,并应在能识别荧光磁痕的亮度下进行观察。

③在观察时,应对磁痕进行分析判断,区分缺陷磁痕和非缺陷磁痕,当无法确定时,可采用其他探伤方法(如渗透法等)进行验证。

④可采用照相、绘图等方法记录缺陷的磁痕。

(5)检测完成后,应按下列要求进行后处理:

①被检测构件因剩磁会影响使用性能时,应及时进行退磁。

②对被测部位表面进行清理工作,除去磁粉,并清洗干净,必要时应进行防锈处理。

4. 检测结果的评价

磁粉检测可允许有线形缺陷和圆形缺陷存在,当缺陷磁痕为裂纹缺陷时,应直接评定为不合格。

9.5.7 渗透探伤

1. 检测依据

(1)《钢结构工程施工质量验收标准》(GB 50205);

(2)《无损检测 焊缝渗透检测》(JB/T 6062)。

2. 渗透检测用试剂与器材

(1)渗透液

渗透液要求渗透能力强、截留性能好、易清除、润湿显像剂能力良好、荧光亮度(荧光)足够或颜色(着色)鲜艳。

渗透液种类主要包括:着色渗透液、荧光渗透液。

(2)去除剂

用来去除工件表面多余渗透液的溶剂。

(3)显像剂

作用是回渗渗透液,形成缺陷显示;显示横向扩展,肉眼可观察;提供较大反差,提高检测灵敏度。

显像剂的种类包括:干式显像剂,湿式显像剂。

(4)灵敏度试块

常用灵敏度试块,主要用来进行灵敏度试验、工艺性试验、渗透系统比较试验等。

常用试块有铝合金淬火裂纹试块(A型试块)、不锈钢镀铬裂纹试块(B型试块);各种试块使用后必须彻底清洗,清洗干净后将其放入丙酮或乙醇溶液中浸泡30 min,晾干或吹干后,将试块放置在干燥处保存。

3. 检测步骤

(1)检测表面准备和预清洗:方法有机械清洗、化学清洗、溶剂清洗。

(2)渗透液渗透:方法有浸涂法、喷涂法、刷涂法、浇涂法;渗透温度、时间(接触时间,停留时间)要求:10 ℃～50 ℃,10～30 min。

(3)去除表面多余渗透液:方法有:水洗法,直接用水去除;亲水后乳化法,预水洗→乳化→最终水洗;溶剂清洗法,将渗透液用溶剂擦拭去除。

(4)检测面干燥:去除工件表面水分,使渗透液充分渗进缺陷或回渗到显影剂,可通过用布擦干、压缩空气吹干、热风吹干、热空气循环烘干等方式进行,干燥时间越短越好。

(5)显像:利用毛细作用使渗透液回渗至工件表面,并形成清晰可见的显示图像。

焊缝渗透探伤如图 9-10 所示。

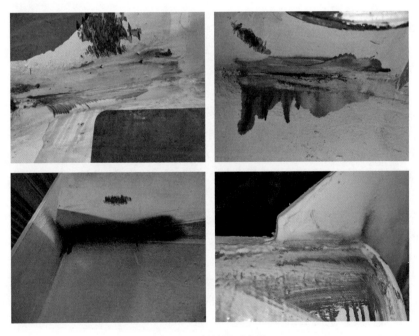

图 9-10　焊缝渗透探伤

4. 检测结果评价

渗透检测可允许有线形缺陷和圆形缺陷存在,当缺陷磁痕为裂纹缺陷时,应直接评定为不合格。

9.5.8　射线探伤

1. 检测依据

(1)《钢结构工程施工质量验收标准》(GB 50205)。

(2)《金属熔化焊焊接接头射线照相》(GB/T 3323)。

2. 射线检测的设备与器材

(1)射线源

射线检测用射线源一般采用 X 射线探伤仪或放射性同位素 γ 射线源(铱-192 射线源或钴-60 射线源),X 射线和 γ 射线对人体健康会造成极大危害,无论使用何种射线装置,应具备必要的防护设施,以避免射线的直接或间接伤害。

射线照相的辐射防护应遵循《放射卫生防护基本标准》(GB 4792)及相关各级安全防护法规的规定。

(2)射线探伤胶片

射线探伤用胶片一般采用双面涂布感光乳剂层的胶片,分为两种类型:增感型胶片;非增感型胶片(直接型胶片),选用的胶片应满足射线探伤的技术要求。

(3)观片灯

观片灯的亮度要求应符合现行国家标准《无损检测　工业射线照相观片灯　最低要求》(GB/T 19802)的规定,当黑度 $D{\leqslant}2.5$ 时,观片灯透过亮度不低于 30 cd/m² (坎特拉);当黑度 $D{>}2.5$ 时,观片灯透过亮度不低于 10 cd/m²。

其中,黑度 $D=\lg(I_0/I)$ 为透过底片光强之比的对数。可用黑度计计量,将光电池感受的光量变成电能,产生电流大小,微安表指针偏转,指示黑度量值。

(4)像质计(透度计)

射线探伤中使用的像质计用来测定成像质量,常用像质计一般有:丝质像质计、阶梯孔型像质剂、平板孔型像质剂等。

(5)暗室设备和器材

射线探伤的暗室主要用来进行探伤胶片的冲印(显影和定影),主要包括工作台、胶片处理槽、上下水系统、安全灯、计时钟,自动洗片机、铅字标记(数字、字母、符号)、铅板(厚度 1~3 mm,用来控制散射线)等。

3. 射线探伤操作要素

(1)影像质量影响参数

影响影像质量的主要参数包括:

①对比度:影像与背景黑度差 $\Delta D=0.434 \cdot \mu \cdot G \cdot \Delta T$,窄束单色;

②不清晰度:影像边界扩展的宽度;

③几何不清晰度:$U_g=dT/(F-T)$,其中 d 为焦点尺寸,F 为焦距,T 为工件

射线源侧表面到胶片的距离;

④固有不清晰度:入射到胶片的射线,在乳剂层激发出二次电子的散射产生的不清晰度;

⑤颗粒度:影像黑度不均匀程度,均匀曝光下底片黑度不均匀性,是卤化银颗粒的尺寸和颗粒在乳剂中分布的随机性、射线光子被吸收的随机性反映。

(2)射线照相灵敏度

射线照相灵敏度用来评价照片显示缺陷的能力。一般包括:

①相对灵敏度:可识别象质剂的最小细节的尺寸与工件厚度百分比;

②绝对灵敏度:可识别象质剂的最小细节的尺寸。

(3)透照布置、透照参数

射线探伤前,应做好探伤装置的透照布置,其基本布置包括:射线源、工件、胶片的相对位置,射线中心束的方向及有效透照区的设置(黑度范围、灵敏度符合要求)。

射线探伤的透照参数主要包括:射线能量(管电压)、焦距$[F_{min} = T(1 + d/U_g)]$、曝光量(X射线:$E = it$;γ射线:$E = At$,A—放射性活度)等。

(4)曝光曲线

射线探伤的曝光曲线是指透照参数(能量、焦距、曝光量)与透照厚度的关系曲线。探伤时,应根据透照厚度对应曝光曲线确定曝光量,即射线探伤的管电压和曝光时间。

(5)暗室处理

射线探伤的暗室处理包括显影、停影、定影、水洗和干燥等步骤,每个步骤的温度和时间要求见表9-12。

表9-12 暗室处理的温度和实际要求

序　　号	步　　骤	温度(℃)	时间(min)
1	显影	20±2	4~6
2	停影(或中间水洗)	16~24	0.5~1
3	定影	16~24	10~15
4	水洗	16~24	≥30
5	干燥	≤40	

4. 检测结果评价

(1)焊缝射线探伤检测的主要缺陷包括:裂纹、未熔合、未焊透、条形缺陷、圆形缺陷等5类;应根据现行国家标准《金属熔化焊焊接接头射线照相》(GB/T 3323)的要求对焊缝检测结果进行评级。

(2)根据对接接头中缺陷性质、数量、密集程度,焊缝质量等级分为Ⅰ、Ⅱ、Ⅲ、Ⅳ四级。Ⅰ级不允许存在裂纹、未熔合、未焊透、条形缺陷,Ⅱ级和Ⅲ级不允许存在裂纹、未熔合、未焊透,超过Ⅲ级者为Ⅳ级。

9.5.9 焊缝质量评定

1. 焊缝外观质量评定标准

焊缝外观质量检验应符合现行国家标准《钢结构施工质量验收标准》(GB 50205)的规定,且应符合表 9-13 的要求。

表 9-13　焊缝外观质量要求

检验项目	一　级	二　级	三　级
裂纹	不允许	不允许	不允许
未焊满	不允许	$\leq 0.2+0.02t$ 且 ≤ 1 mm,每 100 mm 长度焊缝满内未焊满累积长度 ≤ 25 mm	$\leq 0.2+0.04t$ 且 ≤ 2 mm,每 100 mm 长度焊缝满内未焊满累积长度 ≤ 25 mm
根部收缩	不允许	$\leq 0.2+0.02t$ 且 ≤ 1 mm,长度不限	$\leq 0.2+0.04t$ 且 ≤ 2 mm,长度不限
咬边	不允许	$\leq 0.05t$ 且 ≤ 0.5 mm,连接长度 ≤ 100 mm,且焊缝两侧咬边总长 $\leq 10\%$ 焊缝全长	$\leq 0.1t$ 且 ≤ 1 mm,长度不限
电弧擦伤	不允许	不允许	允许存在个别电弧擦伤
接头不良	不允许	缺口深度 $\leq 0.05t$ 且 ≤ 0.5 mm,每 1 000 mm 长度焊缝内不得超过 1 处	缺口深度 $\leq 0.1t$ 且 ≤ 1 mm,每 1 000 mm 长度焊缝内不得超过 1 处
表面气孔	不允许	不允许	每 50 mm 长度焊缝内允许存在直径 $<0.4t$ 且 ≤ 3 mm 的气孔 2 个;孔距应 ≥ 6 倍孔径
表面夹渣	不允许	不允许	深 $\leq 0.2t$,长 $\leq 0.5t$ 且 ≤ 20 mm

2. 焊缝内在质量评定

一级、二级焊缝的内在质量等级应符合现行国家标准《钢结构工程施工质量验收标准》(GB 50205—2020)即表 9-14 的规定。

表 9-14　一、二级焊缝质量等级及缺陷分级

焊缝质量等级		一　级	二　级
内部缺陷超声波探伤	评定等级	Ⅱ	Ⅲ
	检验等级	B 级	B 级
	探伤比例	100%	20%

续上表

焊缝质量等级		一 级	二 级
内部缺陷射线探伤	评定等级	Ⅱ	Ⅲ
	检验等级	AB级	AB级
	探伤比例	100%	20%

注:探伤比例的计数方法应按以下原则确定:(1)对工厂制作焊缝,应按每条焊缝计算百分比,且探伤长度应不小于 200 mm,当焊缝长度不足 200 mm 时,应对整条焊缝进行探伤;(2)对现场安装焊缝,应按同一类型、同一施焊条件的焊缝条数计算百分比,探伤长度应不小于 200 mm,并应不少于 1 条焊缝。

9.5.10 焊缝检测鉴定其他注意事项

(1)严重腐蚀的焊缝,应检测并记录焊缝截面的腐蚀程度、剩余焊缝的长度、高度,焊缝承载能力分析应考虑其影响;

(2)当焊缝截面严重腐蚀削弱时,除考虑截面损失对承载能力的影响之外,还应考虑焊缝受力条件改变可能产生的不利影响;

(3)焊缝的强度和构造等级,应根据实际检测的焊缝几何尺寸、构造形式、工作状态和质量,进行计算和评定[9];

(4)焊缝连接的安全性与耐久性评定应符合国家现行标准《高耸与复杂钢结构检测与鉴定标准》(GB 51008)的规定;

(5)质量和构造要求不符合现行规范要求的焊缝直接认定为失效焊缝。

9.6 螺栓连接的检测与鉴定

9.6.1 抽样原则

紧固件检测的抽样数量和部位应具有代表性,同时要考虑实际操作的工作量。常规检测采用抽样的方法,需要先对节点进行分类,每类节点的抽检数量应不少于10%和3个,每个检测节点上抽取一定数量的铆钉和螺栓进行详细检测[9-10]。

9.6.2 既有钢结构普通螺栓连接检测

(1)普通螺栓连接检测的内容包括:螺栓断裂、松动、脱落、螺杆弯曲、螺纹外露圈数、连接零件是否齐全和锈蚀程度。

(2)普通螺栓连接检测的方法:宜为观察、锤击检查等方法。

(3)普通螺栓连接检测抽样:对于常规性检测,抽检比例不应少于节点总数的10%,且不应少于 3 个节点;对于有损伤的节点和指定要检测的节点,必须 100%

检测。抽查位置应为结构的大部分区域以及不同连接形式的区域。

(4)当出现下列情况之一时,则判定该普通螺栓连接失效或应评定为 d_u 级:

①部分连接螺栓出现断裂、松动、脱落、螺杆弯曲等损坏;

②连接板出现翘曲或连接板上部分螺孔产生挤压破坏;

③螺栓间距严重不符合规范,影响正常使用安全。

(5)当普通螺栓连接出现松动、脱落、螺杆弯曲、连接板翘曲、连接板螺孔挤压破坏等损伤时,承载能力分析应考虑损伤对节点的不利影响。

9.6.3 既有钢结构高强度螺栓连接检测

(1)高强度螺栓连接检测的内容包括:螺栓断裂、松动、脱落、螺杆弯曲、螺纹外露圈数、滑移变形、连接板螺孔挤压破坏、连接零件是否齐全和锈蚀程度。

(2)高强度螺栓连接检测的方法:观察、锤击检查等方法。

(3)高强度螺栓连接检测抽样:对于常规性检查检测,抽检比例不应少于相同节点总数的10%,且不应少于3个节点;对于有损伤的节点和指定要检测的节点,必须100%检测。抽查位置应为结构的大部分区域以及不同连接形式的区域。

(4)当出现下列情况之一时,则应判定该高强度螺栓连接失效或应评定为 d_u 级:

①连接中部分高强度螺栓出现断裂、松动、脱落、螺杆弯曲等损坏;

②连接板出现滑移变形、翘曲或连接板部分螺孔挤压破坏;

③螺栓间距严重不符合规范,且影响正常使用安全。

(5)当高强度螺栓连接出现断裂、松动、脱落、螺杆弯曲、滑移变形、连接板翘曲、连接板螺孔挤压破坏等损伤时,承载能力分析应考虑损伤对节点的不利影响。

(6)扭剪型高强度螺栓的连接质量,可通过检查螺栓端部的梅花头是否已拧掉进行评定,未拧掉梅花头的螺栓数不应大于该节点螺栓数的5%。

(7)高强度螺栓连接的丝扣外露应为2至3扣。允许有10%的螺栓丝扣外露1扣或4扣。

9.6.4 螺栓连接的安全性、适用性、耐久性等级

螺栓连接的安全性、适用性、耐久性等级评定应符合国家现行标准《高耸与复杂钢结构检测与鉴定标准》(GB 51008)的规定。

9.7 铆钉连接的检测与鉴定

环槽铆钉连接副如图 9-11 所示。

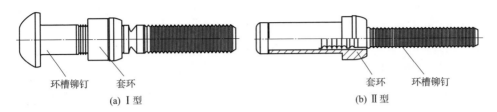

图 9-11　环槽铆钉连接副

Ⅰ型环槽铆钉连接副拉脱力和夹紧力应符合表 9-15～表 9-17 的规定。

Ⅱ型环槽铆钉连接副拉脱力、夹紧力和剪切力应符合表 9-18 的规定。

表 9-15　Ⅰ型 5.8R 级环槽铆钉连接副机械性能

机械性能		公称直径 d(mm)			
		5	6	8	10
拉脱力(kN)	最小值	7.5	13.6	20.9	29.5
夹紧力(kN)	最小值	4.6	8.2	12.7	18.0

表 9-16　Ⅰ型 8.8R 级环槽铆钉连接副机械性能

机械性能		公称直径 d(mm)						
		12	16	20	22	25	28	35
拉脱力(kN)	最小值	75.8	120.6	178.4	246.7	323.5	369.1	576.2
夹紧力(kN)	最小值	53.6	85.4	126.3	174.6	229.1	260.1	378.2

表 9-17　Ⅰ型 10.9R 级环槽铆钉连接副机械性能

机械性能		公称直径 d(mm)									
		12	14	16	18	20	24	27	30	33	36
拉脱力(kN)	最小值	87.7	120	163	200	255	367	477	583	722	850
夹紧力(kN)	最小值	65.4	84	116	140	181	256.9	333.9	408.1	505.4	595

表 9-18　Ⅱ型环槽铆钉连接副机械性能

机械性能		公称直径 d(mm)						
		5	6	8	10	12	16	20
拉脱力(kN)	最小值	8.0	14.5	23.1	32.3	57.9	91.2	129.4
剪切力(kN)	最小值	12.5	22.7	35.8	49.4	89.7	126.8	200.7
夹紧力(kN)	最小值	3.2	5.8	9.2	12.9	23.2	36.5	51.8

（1）铆钉连接检测的内容：包括铆钉断裂、松动、脱落、滑移变形、连接板钉孔挤压破坏和锈蚀程度以及铆钉连接部分铆钉的规格、数量和布置形式。

（2）铆钉连接检测的方法：宜采用观察、锤击检查等方法，必要时可截取试样进行材料力学性能检验。

（3）铆钉连接检测抽样：对于常规性检测，抽检比例不应少于相同节点总数的10%，且不应少于3个节点；对于有损伤的节点和指定要检测的节点，必须100%检测。抽查位置应为结构的大部分区域以及不同连接形式的区域。

（4）当铆钉连接出现下列情况时，则应判定该铆钉连接失效或评定为 d_s 级：

①部分铆钉断裂、松动、脱落、滑移变形等现象；

②铆钉头发生锈蚀，致使不足以防止铆钉脱落；

③连接板出现翘曲或连接板上部分钉孔产生挤压破坏；

④当铆钉间距严重不符合规范要求，且影响正常使用安全。

（5）铆钉连接出现断裂、松动、脱落、滑移变形等损伤时，承载能力分析应考虑损伤对节点的不利影响。

（6）铆钉连接的安全性、适用性、耐久性等级的评定应符合国家现行标准《高耸与复杂钢结构检测与鉴定标准》(GB 51008)的规定。

9.8 钢结构节点性能及损伤评定

9.8.1 钢结构节点的安全性评定

节点的安全性等级应按构造和承载能力评定，当节点存在缺陷、腐蚀和过大变形时，应考虑对结构承载能力的影响；节点的适用性等级应按照变形和损伤项目评定；节点的耐久性等级应根据腐蚀程度及涂层质量评定。节点的安全性、适用性和耐久性可参照国家现行标准《高耸与复杂钢结构检测与鉴定标准》(GB 51008)的规定评定。

9.8.2 特殊情况钢结构节点安全性的直接评定

（1）当网架节点出现下列现象时，可分别评定为 c_u 级或 d_u 级：

①螺栓球节点的高强度螺栓断裂或锥头（封板）或焊缝有裂纹，评定为 d_u 级；

②焊接球节点球壳或焊缝有裂纹，评定为 d_u 级；

③焊接球节点球壳产生可见的变形，评定为 c_u 级；

④螺栓球节点套筒松动，评定为 c_u 级。

（2）若相贯节点处母材或焊缝出现裂纹或构件出现可观察到的屈曲变形，则该节点失效，应评定为 d_u 级。

（3）若钢索连接节点出现下列任何一种现象，则判定为失效，评定为 d_u 级：

①索与锚具（锚杯）间出现可观察到的滑移；

②索中钢丝破断数量超过索中钢丝总数的 5%；

③索节点锚塞出现可观察到的渗水裂缝；

④索中钢丝出现肉眼可见的明显的锈蚀损伤。

（4）若索节点处索保护层出现可观察到的明显损伤，则应评定为 c_s 级。

（5）当铸钢节点出现裂纹时，节点失效，评定为 d_u 级。

（6）当铰支座不能自由转动或滑动时，评定为 c_u 级。当支座焊缝出现裂纹或锚栓变形或断裂时，节点失效，应评定为 d_u 级。

10 现场作业

10.1 施工组织

10.1.1 组织架构

检测项目现场部分宜设置独立项目部,制定项目组织架构,如图 10-1 所示。根据站房大小和现场作业条件,可设置不同数量的检测组,但必须配置安全防护组。项目负责人负责各班组之间的协调工作,技术负责人负责实施过程中的数据校核、测点变更和临时结构问题风险评估。

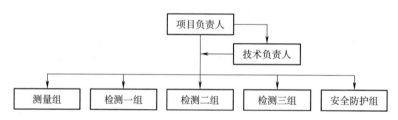

图 10-1 项目组织架构

10.1.2 人员职责

通常各专业组的人数不少于 2 人,以便协同作业。制定人员计划前,应明确各岗位职责,见表 10-1。

表 10-1 作业人员安排

序号	项目岗位	人数	工作职责	备 注
1	项目负责人	1	代表企业全面负责履行合同,负责项目部与总部的关系协调,负责现场检测所需人、财、物的组织管理和控制。负责检测现场的作业组织和协调管理,对工期、安全、文明施工和成本目标进行控制	指挥组
2	技术负责人	1	负责制定检测实施方案,组织有关人员学习建筑结构图纸,组织检测作业组织设计和检测方案的编制和交底,负责技术管理,质量控制和档案管理等工作	

续上表

序号	项目岗位	人数	工作职责	备　注
3	检测员	2	负责轴线间距、矢高和变形测量的现场检测	测量组
4	检测员	2	负责杆件尺寸、钢材强度、锈蚀深度、涂层厚度、焊缝探伤和损伤检测	检测一组
5	检测员	2	负责杆件尺寸、钢材强度、锈蚀深度、涂层厚度、焊缝探伤和损伤检测	检测二组
6	检测员	2	负责杆件尺寸、钢材强度、锈蚀深度、涂层厚度、焊缝探伤和损伤检测	检测三组
7	防护员	8	负责设置安全防护措施和作业安全监控、登高设备操作,其中每作业组配备1名防护员,每台登高设备配备1名防护员	安全防护组

1. 项目负责人

代表公司全面负责履行合同,负责项目现场与公司的关系协调,负责现场检测所需人、财、物的组织管理和控制。

(1)作为第一责任人,对整个检测项目的质量、安全负全面责任,遵守国家相关政策法规,代表企业履行承包合同。

(2)制定项目质量、安全方面的管理规章制度,加强项目管理及队伍建设。

(3)组织实施包括各专业小组在内的检测组织设计、技术管理、安全生产、文明施工。

(4)对仪器设备、配件等物资,进行质量控制,确保其质量和性能符合要求。

(5)检测现场具备开工条件后,项目负责人应向委托单位报送进场报审表(人员和设备)及相关材料。

(6)必须建立检测项目质量验收和检测报告交付制度,若因现场实际检测条件引起测点数量及位置变化,应及时与委托单位沟通,确保检测数据结果有效。

(7)必须建立检测结果质量事故处理制度,规定责任部门与责任人员的责任、权限和工作程序,对发现不符合国家或行业现行有关技术标准、设计文件及合同要求的检测结果质量事故进行处理,确保检测结果真实有效。

2. 现场负责人

负责现场检测作业现场的组织和协调管理,对工期、安全、文明施工和成本目标进行控制。

(1)确定检测人员并做好人员的分工。

(2)编制检测实施方案,包括项目概况、技术规范、测点类型、测点布置、仪器设备使用方法、现场条件及应急预案。

（3）应按照检测组织设计和质量计划的要求，对影响检测质量的因素实施动态控制和检查，确保检测结果质量达到规定的要求。

（4）应建立文件管理和质量记录管理制度，明确职责，对文件的发布、配置与使用进行控制，确保在使用场所都能获得适用的有效文件和记录。

3. 技术负责人

负责制定检测方案，并随检测作业过程设计、调整检测组织计划。组织有关人员学习建筑结构图纸，组织检测组织设计和检测方案的编制和交底，负责技术管理，质量控制和档案管理等工作。

（1）对合同范围内的检测技术、质量管理直接负责。认真贯彻国家技术标准、规范、规程，接收委托单位的监督检查。

（2）组织专业技术人员进行合同范围内的检测结果质量检查，并将检查结果通知委托单位，及时处理各种技术问题。

（3）主持编制检测实施方案，负责向检测工程师进行技术规范方面的交底工作，应确保被交底人全面准确地了解检测作业工艺、操作要点、质量标准、技术措施的信息。

（4）制定项目技术管理制度、质量保证措施，负责全面质量管理的开展。

（5）协助项目负责人抓好检测作业质量，安全文明作业，创建标准化文明作业现场。

4. 检测员

负责现场检测，采集并记录原始检测数据记录，原始数据计算处理，编制检测报告等工作。

（1）在现场负责人安排下，完成现场检测作业；

（2）熟悉相关检测方法及常用仪器设备的性能、操作及一般故障的排除；

（3）严格执行检测标准，确保检测数据的准确、可靠，确保检测活动的有效性；

（4）认真及时填写原始检测数据记录，做到完整、清晰、表达正确；

（5）及时记录仪器使用情况，发现仪器数据异常及时报告；

（6）严格遵守委托单位的各项施工规章制度，注重登高安全，做到安全文明施工。

10.1.3 工作程序

1. 检测实施

（1）现场负责人接受任务单后，确定检测人员并做好人员的分工，编制检测实施方案，包括项目概况、技术规范、测点类型、测点布置、仪器设备使用方法、现场条件及应急预案等。

(2)检测员按照相关检测设备产品使用说明书和检测实施方案做好检测前的准备工作,包括材料采购、记录、日程计划、与现场其他工种的联系等。

(3)检测员凭任务单等办理相关手续。

(4)检测员到现场实施检测工作,做好检测设备调试。检测过程中,检测员应按照相关作业指导书和检测实施方案的要求实施检测工作,填写检测的原始记录和设备使用记录。原始记录必须保持其原始性、真实性,同时应有相应的现场环境信息,签上检测员的姓名、日期,原始记录交付现场负责人签名,同时在任务单上签名。

(5)检测过程中若发现方案中的测点、测区无法到达,应与技术负责人及时联系。由技术负责人及时通知委托方,协商更改检测方案,保证新选测点、测区能满足检测鉴定要求。

(6)每日工作结束后,检测员负责将仪器设备收集保养,并与现场负责人共同检查设备状态,做好台账登记。

2. 出现意外事故的处理

(1)检测过程中出现因外界干扰(如停水、停电等)中断检测工作,如对质量有影响的应重新布设。如发生检测事故则应立即停止检测工作,按应急预案要求开展应急处置,并通知现场负责人和技术负责人。

(2)检测人员在检测工作中注意安全操作,尤其是登高或涉及机械施工时,应佩戴好安全帽、安全绳等防护设备。

3. 检测现场质量管理制度

(1)技术负责人必须对检测员进行每一道检测工序的技术质量交底。

(2)检测员必须掌握技术流程及检测技术质量要求,对结构关键部位进行检测时,由现场负责人进行指导。

(3)对材料、仪器设备进行严格的验收。

(4)加强专项检查,及时解决问题。培养检测员的质量意识,各检测项完成后对检测结果进行自检、互检;现场负责人要对各检测项结果进行检查,对质量不合格的数据要求立即重测。

(5)建立健全技术资料档案制度,专人负责整理检测技术资料,认真按照相关检测标准质量要求,根据工期进度及时做好作业记录。将各检测项的技术资料分类整理保管好,为检测报告撰写做好准备。

(6)做好撤场前验收。现场检测作业结束后,在撤场前,由项目负责人会同技术、现场负责人对检测结果进行全面的验收检查,对发现的问题,及时整改,如有必要则进行重测。

4. 检测现场安全管理制度

(1)项目负责人安全管理职责：

①对本项目员工在生产中的安全生产全面负责。

②宣传、贯彻国家劳动保护法律、法规和各项安全技术操作规程。

③对进场人员进行安全教育，经考试合格方准上岗。

④进场前组织一次安全专题会议，总结部署安全工作，每周组织一次安全检查。

⑤发生事故时，及时赶赴现场组织指挥抢救工作。

(2)现场负责人安全管理职责：

①负责检查安全防护设施、员工劳保用品穿戴和有关规章制度执行情况。

②制止违章指挥、操作，监督和指导检测员及时处理作业现场的不安全因素，并及时向项目负责人汇报。遇有险情时，有权停止作业，并立即向项目负责人报告。

③指导检测员学习安全制度和岗位规程。

(3)维护检测作业区域内的安全标识和安全措施，搞好作业场所的安全文明生产。

(4)检测员的安全管理职责：

①参加进场前会议，做好技术交底工作，穿戴好劳保用品，检查本岗位的仪器设备、电器、工具及安全装置，确认安全可靠后，方可开始工作。

②认真学习和严格执行安全操作规程和各项制度，不违章作业，必须做到：知道本岗位机械设备的性能和安全上的薄弱环节及发生意外时应采取的防范措施；知道本人应遵守的操作规程、制度和安全职责，并能熟练的操作；知道本单位、本岗位的安全生产特点，能正确处理安全与生产的关系，提高安全生产的自觉性。

③认真维护好本岗位使用的设备、工具，不得擅自拆除设备上的安全防护装置，保持检测现场整齐有序。

④登高设备操作员必须持证上岗。

5. 技术交底制度

(1)每个检测项开始作业前，技术负责人都必须进行技术交底。

(2)技术负责人对检测员进行技术交底，明确关键性的检测作业问题，结构关键部位的检测方法和控制要点，采用的技术文件、检测要求以及安全技术要点。

(3)现场负责人对检测员进行技术交底，明确检测方案要求、测点位置要点、技术措施要点、质量标准要求以及安全生产文明施工要点。

(4)各级技术交底以口头进行，并有文字记录，参加交底人员履行签字手续，技术措施不当或交底不清而造成质量事故的要追究有关部门和人员的责任。

10.2 现场作业流程

现场作业流程如图 10-2 所示。

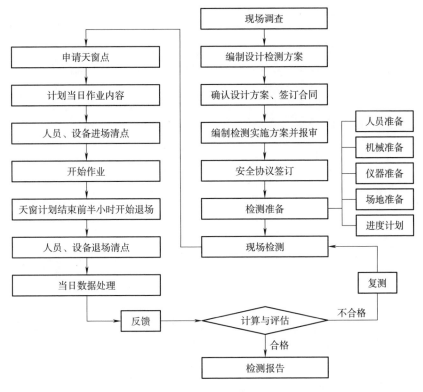

图 10-2 检测流程

10.2.1 现场调查

接受检测委托后,首先进行现场踏勘,现场踏勘主要有以下工作内容:

(1)收集被检测钢结构的设计图纸、设计文件、设计变更、施工记录、施工验收和工程地质勘察报告等资料;

(2)调查被检测钢结构现状,环境条件,使用期间是否已进行过检测或维修加固情况以及用途与荷载等变更情况;

(3)向有关人员进行调查;

(4)进一步明确委托方的检测目的和具体要求;

（5）观察现场作业条件，如构件是否外露，登高措施是否安全等。

10.2.2　编制检测设计方案

编制检测设计方案，确定检测内容、数量。

10.2.3　编制检测实施方案

编制检测实施方案，明确进度计划、人员计划、工器具计划、安全计划、检测内容、测点位置、检测现场组织方式、检测现场实施方式等内容。编制审核完成后上报管理单位审批，经管理单位审批流程完成后进行下一步工作。

10.2.4　安全协议签订

方案审批完成后，同管理单位签订安全协议。

10.2.5　检测准备

1. 人员准备

依据检测实施方案，准备进场检测项目负责人、项目技术负责人、项目现场负责人、检测员、防护员以及其他可能用到的工种人员。如饶平站需要架子工，深圳坪山站需要焊工、吊车指挥员等。

2. 机械准备

依据检测实施方案，准备进场检测需要的机械设备，如登高车、吊车、爬梯、吊笼、脚手架等。

3. 仪器准备

依据检测实施方案检测内容，准备检测仪器。如深圳坪山站准备超声波探伤仪、里氏硬度计、涂层测厚仪、超声测厚仪、全站仪、渗透试剂三件套、游标卡尺等仪器。仪器数量、量程需满足要求，功能正常。

4. 场地准备

根据现场情况和要求，对检测场地进行准备。如深圳坪山站需要停放登高车围栏、登高车进场需对原不锈钢围栏进行拆除，需要准备围栏、切割机、电弧焊机等。

5. 进度计划

根据检测工程量和人员计划制定详细的进度计划，根据进度计划提前上报天窗点及天窗配合要求。天窗点审批完成后进行方可进行作业。不得偷点、蹭点作业。

10.2.6　现场检测

1. 申请天窗点

作业前提前一周申请作业周天窗点,配合单位根据工作计划制定天窗计划。检测单位根据天窗计划安排周工作计划,如图 10-3 所示。

维修计划

序号	计划号	日期	流程跟踪	线别	行别	等级	地点	登记站	项目	施工主体单位	作业时间	天窗类型	维修类型	影响范围及有关单位
1	70974	20221107	正式维修计划	杭深线	站内	Ⅱ	深圳坪山(3、4、5、6、7、8道)	深圳坪山	一、二、三、四、五、六站台雨棚钢结构检测	惠州房建公寓段	00:00-04:00（240 min）	垂直	房产	一、二、三、四、五、六站台雨棚钢结构检测影响作业车运行,作业车不限速;距离接触网3 m以内,接触网按停电处理。需深圳供电段配合

图 10-3　天窗计划实例

2. 计划当日作业内容

根据周天窗计划,制定并上报管理单位日工作计划。

3. 人员、设备进场清点

人员、设备到场后,立即开始清点工作,自行清点完成后配合管理单位完成人员签到、设备登记工作。

4. 开始作业

待管理单位通知天窗计划现场审批完成后,进行现场作业。现场作业分为非断电天窗和断电天窗作业。非断电天窗须距离接触网3 m外作业,断电天窗需由专职断电人员通知断电完成后开始作业,作业面可以进入接触网3 m距离内。现场所有人员均穿戴反光背心、佩戴安全帽,登高作业人员还需佩戴安全带。作业内容包括现场检测作业、机械设备吊装、栏杆恢复、地砖恢复等,如图 10-4 所示。

(a) 登高车作业　　　　　　　　　　(b) 人员设备清点完成

图　10-4

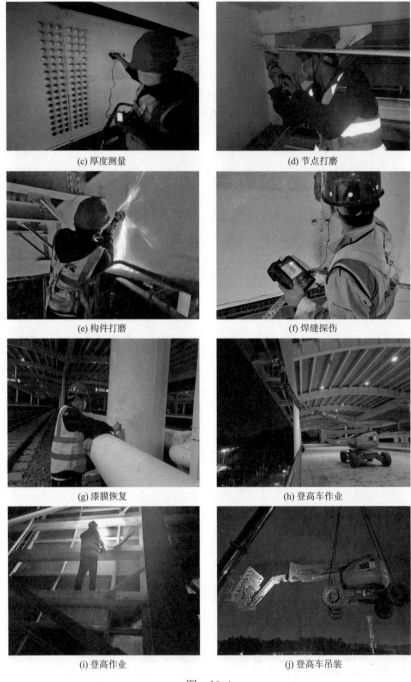

(c) 厚度测量

(d) 节点打磨

(e) 构件打磨

(f) 焊缝探伤

(g) 漆膜恢复

(h) 登高车作业

(i) 登高作业

(j) 登高车吊装

图 10-4

(k) 围挡安装

(l) 登高车作业　　　　　　　　(m) 现场人员、设备清点

(n) 防护员　　　　　　　　(o) 对接焊缝检测

(p) 角焊缝检测　　　　　　　　(q) 登高车下站台

图 10-4　现场作业情景

5. 天窗点结束前半小时开始退场

天窗结束前半小时开始准备退场,天窗结束前需完成退场。退场时全部作业人员撤离现场,并将携带物品、设备全部带回。现场不得有遗留物品,产生的垃圾不得随意丢弃。

6. 人员、设备退场清点

人员退场后集合,重新清点人员设备,发现遗漏物品及时找回。

7. 当日数据处理

退场后处理当日完成检测数据,处理汇总电子版后发送至负责计算评估的结构工程师。

10.2.7 计算评估

结构工程师对每日检测的数据及时计算评估,对存疑内容及时反馈至现场负责人,由现场负责人安排复测。复测核对完成后,重新提交至结构工程师,汇入检测报告。

10.2.8 检测报告

现场检测结束后,根据设计文件、竣工资料、现场调查情况、现场检测结果等,汇总检测信息,对结构的竣工状态及目前实际状态进行计算评估,根据规范对结构性能进行鉴定,编制完成检测鉴定报告。

10.3 安全措施

按照《铁路营业线作业安全管理办法》及《中国铁路广州局集团有限公司关于发布〈广州局集团公司铁路营业线施工管理细则〉的通知》(广铁施工发〔2021〕100号)及其他有关规定确保行车安全。所有影响营业线行车安全的作业按规定编制和报批作业方案,经有关单位批准后方可作业。全部作业人员要进行营业线施工培训,完成规定学时、通过考试后再上岗;所有安全员、防护员必须经过培训考试合格后上岗;要点作业禁止超前、超范围作业,在接到驻站联络员的通知后作业负责人方可通知作业;在作业中绝不提前拆改既有设施设备,作业完毕后按要求清点人员、材料、机具,不遗留任何工具材料。

10.3.1 营业线安全

(1)按规定配置驻站联络员和现场防护员。

(2)驻站联络员根据批准的作业计划,通过车站值班员向列车调度员申请发布作业的命令,并在行车设备作业登记簿上办理登记手续。

(3)加强现场作业人员的管理。对作业人员要进行安全培训、法制教育,加强治安管理,先培训,后上岗。

(4)加强检测设备及工具存放和使用的管理。

10.3.2　轨道安全

所有人员和机械设备材料不得从轨道上穿越跨过,不得利用轨道倒运材料。

10.3.3　接触网安全

作业过程中所有机械、材料均与接触网保持 3 m 以上距离,安全防护员全程监督作业安全,防止触碰接触网。站台上登高车作业位置如图 10-5 所示。

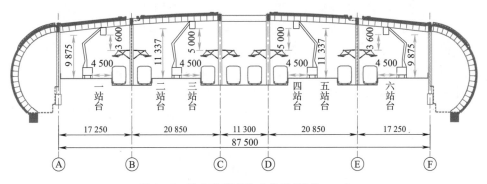

图 10-5　站台登高车作业位置(单位:mm)

作业结束后,所有检测设备及辅助材料,不得留置在登高车作业平台,登高车停放于指定的作业机具摆放区域,做好机具固定。

10.3.4　高空作业安全

(1)作业前请有关单位将股道进行封锁,防止无关人员及车辆进入作业场地;

(2)先培训,后上岗,作业前对作业人员要进行安全培训、法制教育,加强治安管理;

(3)严格执行检测要求,遵守调度命令,所有人员进出必须佩带工作牌,穿荧光衣;

(4)高空作业人员必须穿戴安全带,然后在确认安全后再登高作业;

(5)如遇到风力超过 6 级以上大风天气及大雨天停止一切作业。

作业平台上的操作者必须穿戴安全规范所规定的防护设备(保险带、安全帽),防护设备必须符合安全标准。另外作业时应在站台雨棚挂安全绳,作业人员将安全带挂在安全绳上高挂低用,确保作业时的人员安全。

操作员与检测员应协同配合,曲臂车开行时,作业平台不能站人;曲臂车就位后,检测员进入作业平台,将安全绳挂至平台上,操作员方可移动平台位置;作业平台移动就位后,检测员才能进行检测作业。

酒后或神志不清者禁止操作作业车辆。

禁止在作业平台上放置梯子、垫子,以增加工作高度。

10.3.5　供电设备安全

(1)天窗点停、送电必须严格执行供电部门、作业单位双签认制度。接触网验电后再挂接地保护线,办理停电签认,且调度发布命令后,进行接触网上方的作业,作业完毕后,拆除接地保护线,供电、作业单位也必须签认,完成送电工作。

(2)接触网未断电接地,未签署停电确认单,严禁上道作业。当接触网接地保护线拆除,送电命令已下达,严禁再上道作业。

(3)现场监控人员严格卡控好作业过程中的工具、材料上下道物料管理,严禁作业结束后遗留物料在线路上。

(4)作业现场的机具、材料搬运在接触网未停电且未挂地线时必须与接触网保持3 m以上安全距离。

(5)作业期间,如遇雨天,供电部门现场确认是否能够停电挂地线,无法停电完成挂地线作业时,雨棚作业必须停止,以防触电(感应电)。

(6)作业中的所有绳索,上下两端必须固定牢靠,避免风刮至接触网上。

(7)严禁向接触网设备抛掷作业物件,未停电情况下需与供电设备保持3 m以上的安全距离。

10.3.6　检测准备阶段的安全

检测准备阶段是做好作业安全基础工作的重要阶段。做好这一阶段的安全工作,就为检测作业中的各项安全工作始终处于受控状态创造了条件。

(1)进场前,须确认委托方的现场紧急联络人,用于现场沟通和协调工作。

(2)根据检测方案、现场调查情况和有关作业安全的政策法规,重新核对检测方案。

(3)进场前,检测人员应熟悉检测方案,严格按照方案施行现场检测工作。

(4)与委托单位共同调查确认各类管线、隐蔽构造物的位置、各类构造物的限界现状。

(5)了解掌握场站运营主体的《行车组织规则》、相关车站的管理办法等有关行车和作业安全的规章及规定。

(6)编制检测作业组织设计具体实施方案。

(7)制定作业安全措施,建立各岗位安全生产责任制和日常安全管理检查制度。

(8)向参与检测作业的人员进行技术交底和安全培训教育,必要时还应进行专门的培训,考试合格后,持证上岗。

(9)向设备管理、使用单位进行技术交底。

(10)与设备管理单位和行车组织单位分别签订检测作业安全协议书。

(11)提报检测作业计划。

10.3.7 特殊作业安全

1. 夜间作业

为加快检测进度、减少对检测对象正常使用功能的影响,按照不扰民的原则,根据工程所处位置环境对有条件的工程项目适时安排夜间作业。

(1)夜间作业时,作业现场布设足够的照明设备,机械上及作业场地设照明设备,工作视线不清时严禁作业。

(2)夜间作业时,加强作业场地及运输道路的照明设施,并有专人引导车辆、机械运行。

2. 危险地段作业

危险地段要有明显的危险标志和绕行警示标志,配备足够的值勤人员,组织好过往车辆及行人的通行。

10.4 作业机具

10.4.1 依 据

(1)《广铁集团铁路营业线施工安全管理细则》(广铁运发〔2018〕105号);

(2)研究推进四条高铁标准线建设相关工作周例会(九)(安监室第13号会议纪要);

(3)《广铁(集团)公司关于实行日施工方案制定会、日施工实施方案布置会及路外施工单位的通知》(广铁运函〔2015〕723号)。

10.4.2 机 具

作业现场各区域工器具使用如图10-6所示,其中站台全部采用登高车作业,其余区域可采用脚手架作业。

| **14 m柴油曲臂车** |
| 规格型号：Z45/25JRT |
| 平台高度：14 m |
| 驱动方式：柴油 |
| 承载能力：227 kg |
| 最大水平延伸：7.52 m |
| 最大跨越净空：7.14 m |
| 平台尺寸：长0.76 m×宽1.83 m |
| 设备尺寸：6.65 m×2.29 m×2.13 m |
| 自重：6 460 kg |

(a) 曲臂车参数表　　　　　　　　　　(b) 便携式脚手架

图 10-6　机具

10.4.3　运　　输

（1）每天作业期间，除曲臂车外，将检测工具、材料携带至现场，检测完毕后带离现场，严格遵守"一停二看三确认四通过"制度。

（2）工程作业车辆等需按制定的路线行车，作业完成后存放于指定位置，车轮处设置垫块，防止溜车。

（3）材料及工具进入作业区域后应指定堆放至相应区域。

（4）站台材料存放区域存放材料有：登高车、脚手架。

10.4.4　曲臂车吊装方案

曲臂车长度约 7 m，重量约 7 t，吊装高度 21 m，吊装半径 14 m。选用 50 t 汽车吊，承重（kg）性能表如图 10-7 所示。

50 t 汽车吊 32.7 m 主臂，10 m 作业半径，额定吊重 14.6 t，可起升高度 26 m，满足吊装要求。50 t 汽车吊平面及立面尺寸如图 10-8 所示。

曲臂车吊装作业须按下列要求执行：

（1）曲臂车及吊车进场前，需提供曲臂车及吊车检测证书、合格证及保险单至安监科。

（2）吊装开始前，对吊装范围及倾覆半径进行临时安全隔离带封闭，现场负责人检查钢丝绳、吊钩及固定方式的安全性。如发现钢丝绳断丝、毛刺，吊钩出现裂纹、断面磨损、开口度增大、钩身变形、卡扣无法闭合，固定方式存在隐患等情

工作幅度 (m)	主 臂 (m)						
	伸油缸Ⅰ至100%，支腿全伸，侧方、后方作业-8 t配重						
	11.6	15.8	20.1	26.4	32.7	39.0	45.0
3.0	50 000	45 000	34 000				
3.5	50 000	45 000	34 000				
4.0	45 000	43 000	34 000	25 000			
4.5	40 500	40 000	34 000	25 000			
5.0	37 000	37 000	33 000	25 000			
5.5	33 000	33 000	32 000	25 000			
6.0	30 000	30 000	30 000	25 000	20 000		
7.0	25 500	25 500	25 000	23 000	19 000	14 000	
8.0	22 000	21 700	21 500	21 000	17 500	13 500	
9.0		18 000	18 000	19 000	16 000	12 800	9 500
10.0		15 000	15 000	16 000	14 600	12 000	9 300
11.0		12 500	12 500	13 500	13 400	11 300	9 100
12.0		10 500	10 500	11 300	12 000	10 600	8 600
14.0			7 600	8 600	9 200	9 100	7 800
16.0			5 600	6 600	7 200	7 600	6 900
18.0				5 100	5 700	6 100	6 100
20.0				3 900	4 500	4 900	5 200
22.0					3 600	4 000	4 300
24.0					2 850	3 200	3 500
26.0					2 250	2 600	2 900
28.0						2 100	2 350
30.0						1 650	1 900
32.0						1 250	1 500
34.0							1 200
36.0							900
38.0							650
Ⅰ (m)	0	4.2	8.5	8.5	8.5	8.5	8.5
Ⅱ (m)	0	0	0	6.3	12.6	18.9	24.9
倍率	12	11	8	6	5	4	3
吊钩	50 t						

图 10-7 50 t汽车吊性能表

况,立即停止起吊,待解决问题后,在进行起吊。

(3)吊车作业支腿必须有垫木、钢板,支腿全部全长打开,确保作业面水平。

(4)起吊时,吊钩钢丝绳应保持垂直,不准斜拖被吊物体。

(5)所吊重物应找准重心,并捆扎牢固。有锐角的应用垫木垫好。

(6)在重物未吊离地面前,起重机不得做回转运动。

(7)提升或降下重物时,速度要均匀平稳,避免速度急剧变化,造成重物在空中摆动,发生危险。

(8)落下重物时,速度不宜过快,以免落地时摔坏重物。

(9)吊车在吊重情况下,尽量避免起落臂杆。必须在吊重情况下起落臂杆时,

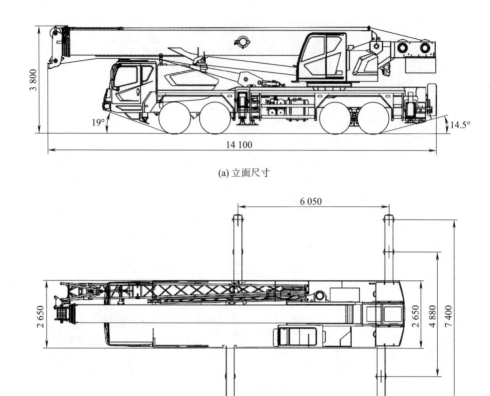

(a) 立面尺寸

(b) 平面尺寸

图 10-8 50 t 汽车吊平面及立面尺寸(单位:mm)

起重量不得超过规定重量的 50%。

(10)吊车在吊重情况下回转时,应密切注意周围是否有障碍物,若有障碍物应设法避开或清除。

(11)起重机臂杆下不得有人员停留,并尽量避免人员通过。

(12)吊车走行或回转时,吊钩要离地面 2 m 以上。

(13)吊装过程中,站台及地面均有指挥人员,采用对讲机进行指挥。

10.4.5 摆　放

1. 摆放区域

现场检测一般从站台一侧端部开始,顺轨向进行,至站台另一侧端部结束。依据现场作业进度,在站台起始侧端部建立 1 个围蔽屏蔽的机具摆放隔离区

（共 4 个），用于存放曲臂车和脚手架，每个摆放隔离区平面尺寸为 6 m×8 m，摆放隔离区必须在站台黄线以内。现场作业至站台另一侧时，机具摆放隔离区转移至站台该侧端部，直至现场作业全部完成，如图 10-9 所示。

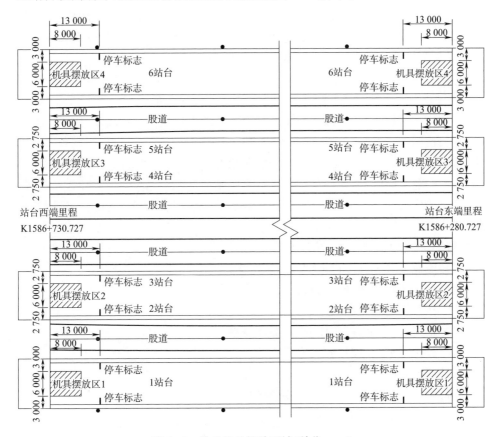

图 10-9　作业机具摆放区域（单位:mm）

2. 建立围挡区原因

以深圳坪山站为例：

（1）深圳坪山站为桥房一体车站，候车室地面距站台垂直距离约 18.5 m，上站台楼梯长约 58 m，因在天窗点未下达时不允许将脚手架搬运至站台上，脚手架无法进入垂直电梯等原因，施工作业人员只能采用人工搬运的方式将脚手架等工器具从候车室搬运至站台面。这一过程耗时已接近 30 min，组装脚手架需近 40 min，从搬运脚手架至站台、组装脚手架、拆除脚手架、搬运脚手架至候车室耗时约 120 min，实际 240 min 的天窗时间仅剩 120 min 可进行作业，将严重影响作业效率。

（2）2/3、4/5 站台雨棚中部高跨区域高度为 13.5～15 m，进行本区域施工作业时，如采用脚手架登高，需搭设活动脚手架 5 层 12.5 m 高，脚手架容易晃动，存在较大人身安全隐患。经多方会议讨论，站台及股道上方范围内现场检测，应全部采用曲臂式登高车作业；弧形钢梁处的夹层范围，应采用脚手架和爬梯作业。

综上，本项目涉及的登高机具类型众多（曲臂式登高车、脚手架和爬梯），为提高现场检测作业效率，需要在站台建立围蔽隔离区，存放登高机具。

10.4.6　机具倾覆

作业现场可能存在的倾覆隐患有：登高车、脚手架倾覆。登高车、脚手架倾覆的原因有：

（1）超载：超出核定承载量或安全使用角度，导致设备倾覆；

（2）作业平面倾斜：作业面倾斜导致设备倾覆；

（3）操作失误，驶入股道：设备故障、抛锚、现场照明、操作人员误操作引起的倾覆。

登高车、脚手架防止倾覆措施有：

（1）作业人员必须经过培训并持证上岗；

（2）现场使用机械进场前进行保养、维护；

（3）在股道安全距离内作业；

（4）不得在倾斜面停车作业，作业面需平坦且坚实；

（5）经过较窄区域时，须有专人指挥；

（6）严禁超载；

（7）驾车要稳，不得猛起猛停或急剧换向；

（8）驾车时保证照明充分。

10.5　质量保障措施

10.5.1　质量管理制度

（1）技术负责人必须对检测员进行每一道检测工序的技术质量交底。

（2）检测员必须掌握技术流程及检测技术质量要求，对结构关键部位进行检测时，由现场负责人进行指导。

（3）对材料、仪器设备进行严格验收。

（4）加强专项检查，及时解决问题。培养检测员的质量意识，各检测项完成后自行完成的检测结果进行自检、互检；现场负责人要对各检测项结果进行检查，对质量不合格的数据要立即重测。

（5）建立健全技术资料档案制度,专人负责整理检测技术资料,认真按照相关检测标准质量要求,根据工期进度及时做好作业记录。将各检测项的技术资料分类整理保管好,为检测报告撰写做好准备。

（6）做好撤场前验收。现场检测作业结束后,在撤场前,由项目负责人会同技术、现场负责人对检测结果进行全面的验收检查,对发现的问题,及时整改,如有必要则进行二次复测。

10.5.2　技术交底制度

（1）每个检测项开始作业前,技术负责人都必须进行技术交底。

（2）技术负责人对检测员进行技术交底,明确关键性的检测作业问题,结构关键部位的检测方法和控制要点,采用的技术文件、检测要求以及安全技术要点。

（3）现场负责人对检测员进行技术交底,明确检测方案要求、测点位置要点、技术措施要点、质量标准要求以及安全生产文明施工要点。

（4）各级技术交底以口头进行,并有文字记录,参加交底人员履行签字手续,技术措施不当或交底不清而造成质量事故的要追究有关部门和人员的责任。

10.6　列车运行条件

根据铁路建筑限界要求(图 10-10),在限界内,除机车车辆和与机车车辆直接相互作用的设备外,其他设备或建筑物、构筑物不得侵入。涉及铁路建筑限界检测作业时,需申请天窗作业。

作业期间由驻站联络员按时掌握每日调度给点时间,分时段告知作业负责人,作业负责人获知时间信息后,随时提醒作业组负责人按照时间掌控作业进度,确保销记时不发生延点事件,在作业时间不足 20 min 时,作业负责人立即向作业组负责人发出撤离检查确认命令,并通知现场人员对作业范围进行清理检查,对不用的材料要立即转运至地面,确保恶劣天气下不发生掉落砸伤人员及影响行车安全,同时作业负责人要通知两端防护员注意股道中是否有掉落的异物,发现不安全因素应及时排除,确认现场环境达到行车条件后,及时向作业负责人汇报,由作业负责人向驻站发出申请开通命令。

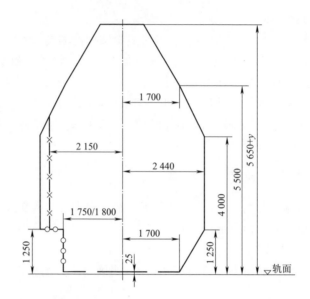

—×—×—×— 信号机、高架候车室结构柱和接触网、跨线桥、天桥、电力照明、雨棚等杆柱的
建筑限界（正线不适用）。

—○—○—○— ①站台建筑限界（侧线站台为1 750 mm；正线站台，无列车通过或列车通过速度
不大于80 km/h时为1 750 mm，列车通过速度大于80 km/h时为1 800 mm）。

②站内反方向运行矮型出站信号机的限界为1 800 mm。

图 10-10 铁路建筑限界（单位：mm）

11 结 构 分 析

11.1 材料性能参数取值

建模分析时材料参数取值依构件材料强度的标准值应根据结构的实际状态按下列原则确定：

(1)若原设计文件有效，且不怀疑结构有严重的性能退化或设计、施工偏差，可采用原设计的标准值；

(2)若调查表明实际情况不符合上款的要求，应按规范的规定进行现场检测，并确定其标准值。

当结构没有严重的性能退化或无重大的施工偏差时，材料强度标准值、弹性模量等材料性能，采用原设计的标准值和规范推荐值。当不符合上述情况时，通过现场检测，并按照有关检测标准或鉴定标准的要求确定材料强度标准值、弹性模量等材料性能指标。当检查一种构件的材料由于与时间有关的环境效应或其他均匀作用的因素引起的性能变化时，允许采用随机抽样的方法，在该种构件中取 5~10 个构件作为检测对象，并按现行检测方法标准规定的从每一构件上切取的试件数或划定的测点数，测定其材料强度或其他力学性能。当构件总数少于5 个时，应逐个进行检测。当委托方对该种构件的材料强度检测有较严的要求时，则通过协商适当增加受检构件的数量。

11.2 几何参数取值

建模分析时结构或构件的几何参数应采用实测值，并应计入构件和节点的锈蚀、腐蚀、虫蛀、风化、裂缝、缺陷、损伤以及施工偏差等的影响。

11.3 荷载和作用

11.3.1 荷载的取值

计算时结构构件作用效应的确定，将按照如下原则进行：

(1)作用的组合、作用的分项系数及组合值系数,按照国家标准《建筑结构荷载规范》(GB 50009)的规定执行;

(2)根据使用荷载调查结果,对荷载和作用取值;

(3)当结构受到温度、地基变形等作用,且对其承载有显著影响时,计入由之产生的附加作用效应。

荷载与作用应包括[13-15]永久作用、可变作用和灾害作用(偶然作用)三类。

其中永久作用包括两大类,第一类包括结构构件、建筑配件、楼地面装修、固定设备等自重荷载;第二类包括水土压力、地基变形、预应力等作用。

可变作用包括,楼屋面活荷载、积灰荷载、冰雪荷载、风荷载、温度作用、动力作用等。

灾害作用(偶然作用)包括,地震作用、爆炸撞击、火灾、洪水滑坡泥石流、飓风龙卷风等。

对于民用建筑,荷载标准值一般情况下按照现行国家标准《建筑结构荷载规范》(GB 50009)取值,但对于自重差异大、规范未给出比重值及有怀疑时,应现场抽样称量确定。另外对于楼面活荷载、基本风雪压,根据不同的目标试用期,应按表 11-1 进行修正。

表 11-1 基本雪压、基本风压及楼面活荷载的修正系数

下一目标试用期(年)	10	20	30~50
雪荷载或风荷载	0.85	0.95	1.0
楼面活荷载	0.85	0.9	1.0

对于既有高铁客站,荷载标准值一般情况下除按民用建筑确定外,还要根据《建筑结构可靠度设计统一标准》(GB 50068)有关的原则确定标准值。

对于积灰荷载,应调查积灰范围、厚度分布、积灰速度和清灰制度,测试干、湿容重,并结合调查情况确定积灰荷载。

对于其他设备荷载,应查阅设备和物料运输荷载资料,了解工艺和实际使用情况。当设备振动对结构影响较大时,尚应了解设备的扰力特性及其制作和安装质量,必要时应进行测试。

荷载调查时,应特别注意:是否有密集书柜或其他较大使用荷载;屋面是否有堆载;对于机械、冶金、水泥等企业,应重点关注积灰荷载;对于设置重级工作制吊车的厂房,应重点关注卡轨力的不利影响;对于通信塔架等,应关注裹冰荷载;暴雪地区应关注高低跨等部位的堆雪影响;沿海及西部应关注大风的影响。同时应关注是否有私自改造增加的荷载,是否有临近深基坑及受降水影响,是否有较大的温度作用等。

11.3.2 原设计结构荷载组合

以深圳坪山站为例,结构荷载工况包括恒荷载(D)、活荷载(L)、风荷载(风压工况 W_1 和吸工况 W_2)、水平地震作用(E_{hk})、温度作用(升温 T_1 和降温 T_2)。根据《建筑结构荷载规范》(GB 50009—2012),原设计结构承载力极限状态验算的荷载基本组合见表 11-2,正常使用极限状态验算的荷载标准组合见表 11-3。

表 11-2 原设计结构荷载基本组合

序　　号	基 本 组 合
1	$1.2D+1.4L$
2	$1.2D+1.4W_1$
3	$1.2D+1.4W_2$
4	$1.2D+1.4T_1$
5	$1.2D+1.4T_2$
6	$1.2D+1.4L+1.4\times0.6W_1$
7	$1.2D+1.4L+1.4\times0.6W_2$
8	$1.2D+1.4\times0.7L+1.4W_1$
9	$1.2D+1.4\times0.7L+1.4W_2$
10	$1.2D+1.4L+1.4\times0.6T_1$
11	$1.2D+1.4L+1.4\times0.6T_2$
12	$1.2D+1.4\times0.7L+1.4T_1$
13	$1.2D+1.4\times0.7L+1.4T_2$
14	$1.2D+1.4W_1+1.4\times0.6T_1$
15	$1.2D+1.4W_1+1.4\times0.6T_2$
16	$1.2D+1.4W_2+1.4\times0.6T_1$
17	$1.2D+1.4W_2+1.4\times0.6T_2$
18	$1.2D+1.4\times0.6W_1+1.4T_1$
19	$1.2D+1.4\times0.6W_1+1.4T_2$
20	$1.2D+1.4\times0.6W_2+1.4T_1$
21	$1.2D+1.4\times0.6W_2+1.4T_2$
22	$1.2D+1.4L+1.4\times0.6W_1+1.4\times0.6T_1$
23	$1.2D+1.4L+1.4\times0.6W_1+1.4\times0.6T_2$
24	$1.2D+1.4L+1.4\times0.6W_2+1.4\times0.6T_1$
25	$1.2D+1.4L+1.4\times0.6W_2+1.4\times0.6T_2$

序　号	基　本　组　合
26	$1.2D+1.4\times0.7L+1.4W_1+1.4\times0.6T_1$
27	$1.2D+1.4\times0.7L+1.4W_1+1.4\times0.6T_2$
28	$1.2D+1.4\times0.7L+1.4W_2+1.4\times0.6T_1$
29	$1.2D+1.4\times0.7L+1.4W_2+1.4\times0.6T_2$
30	$1.2D+1.4\times0.7L+1.4\times0.6W_1+1.4T_1$
31	$1.2D+1.4\times0.7L+1.4\times0.6W_1+1.4T_2$
32	$1.2D+1.4\times0.7L+1.4\times0.6W_2+1.4T_1$
33	$1.2D+1.4\times0.7L+1.4\times0.6W_2+1.4T_2$
34	$1.2D+1.3E_{hk}$
35	$1.0D+1.4W_1$
36	$1.0D+1.4W_2$

表 11-3　原设计结构荷载标准组合

序　号	标　准　组　合
1	$1.0D+1.0L$
2	$1.0D+1.0W_1$
3	$1.0D+1.0W_2$
4	$1.0D+1.0T_1$
5	$1.0D+1.0T_2$
6	$1.0D+1.0L+1.0\times0.6W_1$
7	$1.0D+1.0L+1.0\times0.6W_2$
8	$1.0D+1.0\times0.7L+1.0W_1$
9	$1.0D+1.0\times0.7L+1.0W_2$
10	$1.0D+1.0L+1.0\times0.6T_1$
11	$1.0D+1.0L+1.0\times0.6T_2$
12	$1.0D+1.0\times0.7L+1.0T_1$
13	$1.0D+1.0\times0.7L+1.0T_2$
14	$1.0D+1.0W_1+1.0\times0.6T_1$
15	$1.0D+1.0W_1+1.0\times0.6T_2$
16	$1.0D+1.0W_2+1.0\times0.6T_1$
17	$1.0D+1.0W_2+1.0\times0.6T_2$

续上表

序　号	标　准　组　合
18	$1.0D+1.0\times0.6W_1+1.0T_1$
19	$1.0D+1.0\times0.6W_1+1.0T_2$
20	$1.0D+1.0\times0.6W_2+1.0T_1$
21	$1.0D+1.0\times0.6W_2+1.0T_2$
22	$1.0D+1.0L+1.0\times0.6W_1+1.0\times0.6T_1$
23	$1.0D+1.0L+1.0\times0.6W_1+1.0\times0.6T_2$
24	$1.0D+1.0L+1.0\times0.6W_2+1.0\times0.6T_1$
25	$1.0D+1.0L+1.0\times0.6W_2+1.0\times0.6T_2$
26	$1.0D+1.0\times0.7L+1.0W_1+1.0\times0.6T_1$
27	$1.0D+1.0\times0.7L+1.0W_1+1.0\times0.6T_2$
28	$1.0D+1.0\times0.7L+1.0W_2+1.0\times0.6T_1$
29	$1.0D+1.0\times0.7L+1.0W_2+1.0\times0.6T_2$
30	$1.0D+1.0\times0.7L+1.0\times0.6W_1+1.0T_1$
31	$1.0D+1.0\times0.7L+1.0\times0.6W_1+1.0T_2$
32	$1.0D+1.0\times0.7L+1.0\times0.6W_2+1.0T_1$
33	$1.0D+1.0\times0.7L+1.0\times0.6W_2+1.0T_2$
34	$1.0D+1.0E_{hk}$
35	$1.0D+1.0W_1$
36	$1.0D+1.0W_2$

11.3.3　既有结构验算荷载组合

以深圳坪山站为例,根据《建筑结构安全性设计统一标准》(GB 50068—2018)、《工程结构设计通用规范》(GB 55001—2021)和《建筑与市政工程抗震通用规范》(GB 55002—2021),结构承载力极限状态验算的荷载基本组合见表 11-4,正常使用极限状态验算的荷载标准组合见表 11-5。

表 11-4　荷载基本组合

序　号	基　本　组　合
1	$1.3D+1.5L$
2	$1.3D+1.5W_1$
3	$1.3D+1.5W_2$

序　号	基　本　组　合
4	$1.3D+1.5T_1$
5	$1.3D+1.5T_2$
6	$1.3D+1.5L+1.5\times0.6W_1$
7	$1.3D+1.5L+1.5\times0.6W_2$
8	$1.3D+1.5\times0.7L+1.5W_1$
9	$1.3D+1.5\times0.7L+1.5W_2$
10	$1.3D+1.5L+1.5\times0.6T_1$
11	$1.3D+1.5L+1.5\times0.6T_2$
12	$1.3D+1.5\times0.7L+1.5T_1$
13	$1.3D+1.5\times0.7L+1.5T_2$
14	$1.3D+1.5W_1+1.5\times0.6T_1$
15	$1.3D+1.5W_1+1.5\times0.6T_2$
16	$1.3D+1.5W_2+1.5\times0.6T_1$
17	$1.3D+1.5W_2+1.5\times0.6T_2$
18	$1.3D+1.5\times0.6W_1+1.5T_1$
19	$1.3D+1.5\times0.6W_1+1.5T_2$
20	$1.3D+1.5\times0.6W_2+1.5T_1$
21	$1.3D+1.5\times0.6W_2+1.5T_2$
22	$1.3D+1.5L+1.5\times0.6W_1+1.5\times0.6T_1$
23	$1.3D+1.5L+1.5\times0.6W_1+1.5\times0.6T_2$
24	$1.3D+1.5L+1.5\times0.6W_2+1.5\times0.6T_1$
25	$1.3D+1.5L+1.5\times0.6W_2+1.5\times0.6T_2$
26	$1.3D+1.5\times0.7L+1.5W_1+1.5\times0.6T_1$
27	$1.3D+1.5\times0.7L+1.5W_1+1.5\times0.6T_2$
28	$1.3D+1.5\times0.7L+1.5W_2+1.5\times0.6T_1$
29	$1.3D+1.5\times0.7L+1.5W_2+1.5\times0.6T_2$
30	$1.3D+1.5\times0.7L+1.5\times0.6W_1+1.5T_1$
31	$1.3D+1.5\times0.7L+1.5\times0.6W_1+1.5T_2$
32	$1.3D+1.5\times0.7L+1.5\times0.6W_2+1.5T_1$
33	$1.3D+1.5\times0.7L+1.5\times0.6W_2+1.5T_2$
34	$1.3D+1.4E_{hk}$
35	$1.0D+1.5W_1$
36	$1.0D+1.5W_2$

表 11-5 荷载标准组合

序　号	标　准　组　合
1	$1.0D+1.0L$
2	$1.0D+1.0W_1$
3	$1.0D+1.0W_2$
4	$1.0D+1.0T_1$
5	$1.0D+1.0T_2$
6	$1.0D+1.0L+1.0\times0.6W_1$
7	$1.0D+1.0L+1.0\times0.6W_2$
8	$1.0D+1.0\times0.7L+1.0W_1$
9	$1.0D+1.0\times0.7L+1.0W_2$
10	$1.0D+1.0L+1.0\times0.6T_1$
11	$1.0D+1.0L+1.0\times0.6T_2$
12	$1.0D+1.0\times0.7L+1.0T_1$
13	$1.0D+1.0\times0.7L+1.0T_2$
14	$1.0D+1.0W_1+1.0\times0.6T_1$
15	$1.0D+1.0W_1+1.0\times0.6T_2$
16	$1.0D+1.0W_2+1.0\times0.6T_1$
17	$1.0D+1.0W_2+1.0\times0.6T_2$
18	$1.0D+1.0\times0.6W_1+1.0T_1$
19	$1.0D+1.0\times0.6W_1+1.0T_2$
20	$1.0D+1.0\times0.6W_2+1.0T_1$
21	$1.0D+1.0\times0.6W_2+1.0T_2$
22	$1.0D+1.0L+1.0\times0.6W_1+1.0\times0.6T_1$
23	$1.0D+1.0L+1.0\times0.6W_1+1.0\times0.6T_2$
24	$1.0D+1.0L+1.0\times0.6W_2+1.0\times0.6T_1$
25	$1.0D+1.0L+1.0\times0.6W_2+1.0\times0.6T_2$
26	$1.0D+1.0\times0.7L+1.0W_1+1.0\times0.6T_1$
27	$1.0D+1.0\times0.7L+1.0W_1+1.0\times0.6T_2$
28	$1.0D+1.0\times0.7L+1.0W_2+1.0\times0.6T_1$
29	$1.0D+1.0\times0.7L+1.0W_2+1.0\times0.6T_2$
30	$1.0D+1.0\times0.7L+1.0\times0.6W_1+1.0T_1$

序　号	标　准　组　合
31	$1.0D+1.0\times0.7L+1.0\times0.6W_1+1.0T_2$
32	$1.0D+1.0\times0.7L+1.0\times0.6W_2+1.0T_1$
33	$1.0D+1.0\times0.7L+1.0\times0.6W_2+1.0T_2$
34	$1.0D+1.0E_{hk}$
35	$1.0D+1.0W_1$
36	$1.0D+1.0W_2$

11.4 边界条件等效

设计结构的边界构造,调查后等效为计算模型中的边界条件(表11-6)。再通过实地调查,引入与设计不相符的边界条件。

表 11-6　站房大屋面模型边界条件

序号	位　　　置	构造做法	模型等效
1	框架柱柱脚		刚接
2	站房大屋面柱脚		铰接

续上表

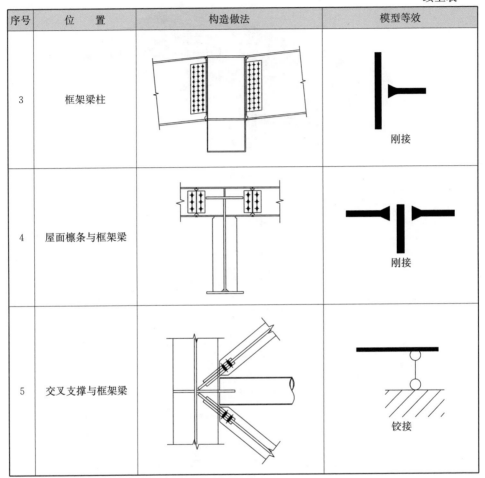

序号	位　　置	构造做法	模型等效
3	框架梁柱		刚接
4	屋面檩条与框架梁		刚接
5	交叉支撑与框架梁		铰接

11.5　结构建模分析

按照上述原则,建立钢结构整体模型(图11-1),根据实测数据,结合损伤评估的结果,引入实测数据和缺陷(表11-7),对以下两种状态进行计算分析:

(1)原设计状态下的受力性能;

(2)既有结构在当前工作状态下的受力性能。

计算分析结果将包括结构周期、振型和整体变形等结构整体性能参数,以及柱、梁的内力分布、承载力和构件变形等构件性能参数。根据计算分析结果,对既有结构进行安全性评估。

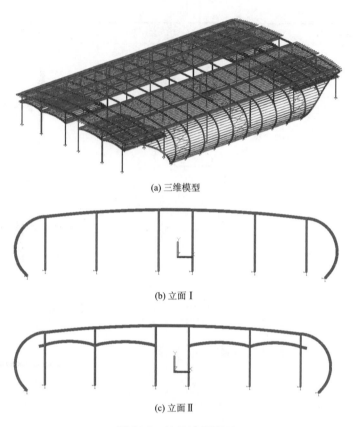

(a) 三维模型

(b) 立面 I

(c) 立面 II

图 11-1　结构计算模型

表 11-7　实测缺陷引入

缺陷类别	内　　容	引入方式
变形	不均匀沉降差	按相对沉降差实测值调整柱脚支座处坐标
	柱倾斜	按倾斜率实测值调整柱两端节点的相对坐标差
	梁挠度	按挠度实测值调整梁节点的高程坐标
材料	构件钢材强度	钢材抗拉强度实测值满足原设计钢材强度等级、屈服强度指标标准值的构件，按原设计钢材牌号计算，否则，抗拉强度取实测值，并计算下、上屈服强度(低合金高强度结构钢屈强比范围:0.65～0.75)。经计算，如下屈服强度符合原设计钢材屈服强度指标，则按设计标准采用钢材设计强度;如低于设计指标，则按实际下屈服强度和钢材抗力分项系数计算确定实际钢材设计强度
尺寸	构件截面尺寸	实测截面尺寸小于设计值的构件，按实测尺寸设置
节点	焊缝探伤	对焊接质量评定为不合格的，在节点承载力计算中考虑其不利影响

12 安全性鉴定评级

12.1 评级层次

按照现行国家标准《高耸与复杂钢结构检测与鉴定标准》(GB 51008—2016)进行安全性鉴定。

钢结构安全性鉴定层次、等级划分及内容见表 12-1。其中,构件、连接和节点的安全性鉴定等级按表 12-2 规定采用,结构系统安全性鉴定等级按表 12-3 规定采用。

表 12-1　安全性鉴定的层次、鉴定项目、等级划分和内容

层次	一		二
对象	构件	连接和节点	结构系统
等级	a_u、b_u、c_u、d_u	a_u、b_u、c_u、d_u	A_u、B_u、C_u、D_u
鉴定内容	承载力、构造		结构整体性、承载力

表 12-2　钢构件和节点安全性评定等级

等　　级	内　　容
a_u	在目标使用期内安全,不必采取措施
b_u	在目标使用期内不显著影响安全,可不采取措施
c_u	在目标使用期内显著影响安全,应采取措施
d_u	危及安全,必须及时采取措施

表 12-3　钢结构系统安全性评定等级

等　　级	内　　容
A_u	在目标使用期内安全,不必采取措施
B_u	在目标使用期内无显著影响安全的因素,可不采取措施或有少数构件或节点应采取适当措施
C_u	在目标使用期内有显著影响安全的因素,应采取措施
D_u	有严重影响安全的因素,必须及时采取措施

12.2 工作内容

12.2.1 既有钢结构安全性鉴定的内容

该部分内容包括:安全性鉴定、适用性鉴定和耐久性鉴定。根据现行规范体系,国内外结构安全性鉴定的内容均不包括结构抗震性能鉴定,而结构抗震性能鉴定需另外单独制定标准并实施完成且出具专项鉴定报告,因此,钢结构抗震性能鉴定也需单独实施并出具专项鉴定报告。

12.2.2 既有钢结构安全性鉴定工作的主要内容和步骤

该部分内容包括:调查和收集结构建造及加固改造的信息资料并进行实地查勘;调查、检测、核定结构上的荷载、作用及使用条件;调查、检测结构的缺陷、变形与损伤;根据检测数据建立计算模型分析结构受力状态;根据计算结果评定结构构件、节点及结构整体的安全性、适用性以及耐久性。

12.2.3 既有钢结构构件安全性鉴定的内容

该部分内容包括:构件的安全性、适用性和耐久性鉴定。

12.2.4 既有钢结构连接和节点安全性鉴定的内容

该部分内容包括:连接的安全性和适用性鉴定;节点的安全性、适用性和耐久性鉴定。

目前,既有钢结构连接主要包括:焊缝连接、螺栓连接和铆钉连接;而节点则是将汇交于同一个几何点的构件连接在一起的部件,目前,既有钢结构节点的主要类型包括:构件拼接节点、梁柱节点、梁梁节点、支撑节点、吊车梁节点、螺栓球节点、焊接球节点、钢管相贯焊接节点、拉索节点、支座节点等,其中一些复杂节点可能采用铸钢节点。

12.2.5 既有钢结构系统整体安全性鉴定的内容

该部分内容包括:结构安全性、适用性、耐久性鉴定。

钢结构类型不同,既有钢结构系统整体安全性鉴定的内容有差别,现行国家标准《高耸与复杂钢结构检测与鉴定标准》(GB 51008)按照不同的结构类型,分别规定了结构系统整体安全性鉴定的内容。该标准涉及的结构类型包括:多高层钢结构、大跨度及空间钢结构、厂房钢结构以及高耸钢结构。

既有钢结构安全性鉴定的依据是国家现行标准《高耸与复杂钢结构检测与鉴定标准》(GB 51008)，当钢结构所在地有地方鉴定标准时，既有钢结构构件安全性鉴定尚应符合地方鉴定标准的规定。

12.3　构件安全性鉴定

根据《高耸与复杂钢结构检测与鉴定标准》(GB 51008—2016)第5.4节,钢构件安全性按其承载力和构造两个项目分别进行安全性等级评定,然后取两个项目中的较低等级作为构件安全性鉴定等级。当构件存在严重缺陷、过大变形、显著损伤和严重腐蚀等状况时,按其严重程度评定变形与损伤等级,然后取承载力、构造和变形与损伤的最低评定等级,作为安全性鉴定等级。

钢构件承载力安全等级根据构件的抗力设计值 R 和作用效应组合设计值 S 及结构重要性系数 γ_0 ,按表 12-4 规定评定。钢构件构造等级按表 12-5 规定评定。

表 12-4　钢构件承载力安全等级

构件类别	$R/(\gamma_0 S)$			
	a_u 级	a_u 级	a_u 级	a_u 级
主要构件及连接或节点	≥1.0	≥1.0	≥1.0	≥1.0
一般构件及连接或节点	≥1.0	≥1.0	≥1.0	≥1.0

表 12-5　钢构件构造等级

检查项目	a_u 级或 b_u 级	c_u 级或 d_u 级
构件构造	构件连接方式正确,构件和连接构造符合设计要求,无缺陷或仅有局部的表面缺陷,工作无异常	构件连接方式不当,构件和连接构造有严重缺陷;构造或连接有裂缝或锐角切口;焊缝、螺栓、铆钉有变形、滑移或其他损坏

当钢构件呈现下列状态时,可直接评定其变形和损伤等级:

(1)当构件存在裂纹或部分断裂时,应根据损伤程度评定为 c_u 级或 d_u 级;

(2)当钢桁架屋架或托架的实测挠度大于其计算跨度的 1/400,在进行承载力验算时,应考虑由于挠度产生的附加应力影响;当验算结果可评定为 b_u 级时,宜附加观察使用一段时间的限制;当验算结果低于 b_u 级,应根据其实际严重程度定为 c_u 级或 d_u 级。

(3)其他受弯构件因挠度过大或几何偏差造成变形时,按表12-6规定评级。

表12-6　按受弯构件实测变形评定等级

检查项目	构件类别			c_u级或d_u级
挠度	主要构件	网架	屋盖(短向)	$>l_s/200$,且可能发展
			楼盖(短向)	$>l_s/250$,且可能发展
		主梁、托梁		$>l_0/300$,且可能发展
	一般构件	其他梁		$>l_0/180$,且可能发展
		檩条		$>l_0/120$,且可能发展
侧向弯曲的矢高	深梁			$>l_0/660$,且可能发展
	一般实腹梁			$>l_0/500$,且可能发展

(4)当柱顶实测水平位移或倾斜大于$H/400$限值时:当构件出现明显变形或其他屈曲迹象时,应根据其严重程度评定为c_u级或d_u级;当构件未出现明显变形或其他屈曲迹象时,应考虑该位移进行结构内力分析,按表12-4评级,当验算结果评定为b_u级时,宜附加观察使用一段时间限制,当该位移尚在发展时,应直接评定为d_u级。

根据《高耸与复杂钢结构检测与鉴定标准》(GB 51008—2016)第5.4.3条,腐蚀钢构件在进行承载力安全等级评定时,按下列规定确定腐蚀对钢材性能和截面损失的影响:

(1)当腐蚀损伤量不超过初始厚度的25%且残余厚度大于5 mm时,不考虑腐蚀对钢材强度的影响;该项目为普通钢结构,当腐蚀损伤量超过初始厚度的25%或参与厚度不大于5 mm时,钢材强度乘以0.8的折减系数;

(2)强度和整体稳定性计算时,构件截面积和截面模量的取值考虑腐蚀对截面的削弱。

根据《高耸与复杂钢结构检测与鉴定标准》(GB 51008—2016)第5.4.5条,腐蚀钢构件除应评定其承载力等级外,尚按表12-7对其腐蚀状态严重程度进行变形与损伤等级评定。

表12-7　钢构件腐蚀状态安全等级

等级	c_u	d_u
钢构件	构件截面平均腐蚀深度Δt大于$0.05t$,但不大于$0.1t$	构件截面平均腐蚀深度Δt大于$0.1t$

12.4　构件连接和节点安全性鉴定

根据《高耸与复杂钢结构检测与鉴定标准》(GB 51008—2016)第 6 章进行连接和节点安全性鉴定。

1. 焊缝连接

焊缝连接的安全性按其承载力和构造两个项目分别评定等级,然后取两个项目中的较低等级作为其安全性等级;腐蚀严重的焊缝,测量其剩余长度和剩余厚度。计算焊缝承载力时,应考虑焊缝受力条件改变以及腐蚀损失的不利影响;并按下列方法评定:

(1)焊缝的承载力安全等级应区分主要焊缝和一般焊缝,按表 12-4 进行计算评定;

(2)焊缝细部构造及尺寸的等级按其是否符合现行国家标准《钢结构设计标准》(GB 50017)的规定进行评定,符合,可评定为 a_u 级,基本符合,可评定为 b_u 级,不符合,根据其不符合程度评定为 c_u 级或 d_u 级。

当焊缝出现下列情况之一时,评定为 c_u 级或 d_u 级:

(1)焊缝检测部位出现裂纹或外观质量低于现行国家标准《钢结构设计标准》(GB 50017)规定的质量要求的缺陷;

(2)最小角焊缝尺寸或最小焊缝长度不符合现行国家标准《钢结构设计标准》(GB 50017)规定;

(3)焊缝质量等级或构造要求不符合现行国家标准《钢结构设计标准》(GB 50017)规定。

2. 螺栓连接

螺栓连接的安全性应按承载力和构造两个项目分别评定等级,并取其中的较低等级作为安全性鉴定等级。螺栓连接安全性按下列规定评定:

(1)普通螺栓承载力等级按表 12-4 的规定计算评定;

(2)高强度螺栓连接的承载力等级按表 12-4 主要连接的规定计算评定;

(3)螺栓连接的构造及尺寸的等级,按其是否符合设计规定进行评定,符合评定为 a_u 级,基本符合,可评定为 b_u 级,不符合,根据其不符合程度评定为 c_u 级或 d_u 级。

当单个螺栓出现下列变形或损伤之一时,该螺栓连接的安全性等级评定为 c_u 级或 d_u 级:

(1)螺栓断裂、弯曲、松动、脱落、滑移;

(2)螺栓严重腐蚀;

(3)连接板出现翘曲或连接板上部分栓孔挤压破坏。

3. 节点

节点的安全性按其承载力、构造和连接三个项目分别评定等级,然后取三个项目中的最低等级作为其安全性鉴定等级:

(1)节点承载力安全性等级按表 12-4 规定计算评定;

(2)节点构造等级按其是否符合设计或现行国家标准《钢结构设计标准》(GB 50017)的规定进行评定,符合评定为 a_u 级,基本符合,可评定为 b_u 级,不符合,根据其不符合程度评定为 c_u 级或 d_u 级。

当出现下列情况之一时,评定为 d_u 级:

(1)节点中的传力螺栓连接为 d_u 级;

(2)节点中的传力焊缝连接为 d_u 级;

(3)连接板开裂、屈曲、翘曲或严重变形;

(4)主要受力加劲肋开裂、屈曲、翘曲或严重变形;

(5)螺栓、节点板或焊缝严重腐蚀;

(6)焊接相贯节点出现裂纹或构件出现可见屈曲变形;

(7)高强螺栓摩擦型连接出现滑移变形。

12.5 结构系统安全性鉴定评级

根据《高耸与复杂钢结构检测与鉴定标准》(GB 51008—2016)第 8 章进行既有雨棚钢结构系统安全性鉴定。

高铁客站为大跨度及空间钢结构,其安全性的评定方法为:先对结构整体性和结构承载安全性(对于需要验算整体稳定性的结构,还应包括结构整体稳定等级评定)两个项目分别评定等级,然后取其中的较低等级作为安全性鉴定等级。

大跨度及空间钢结构整体性等级,根据结构体系及支撑布置、主要结构形式、主要节点构造、主要支座节点构造四个项目,按表 12-8 评定。

表 12-8 大跨度及空间钢结构整体性等级

等级	评定内容
a_u	四个项目均符合设计要求
b_u	有一项或多项不符合设计要求,但不影响安全使用
c_u	有一项或多项不符合设计要求,影响安全使用
d_u	有一项或多项不符合设计要求,严重影响安全使用

大跨度及空间钢结构承载安全性等级,根据理论计算结果,根据表 12-9,按主要构件和主要节点的受力评定等级评定。

表 12-9　钢结构承载安全性等级

鉴定等级	A_u	B_u	C_u	D_u
主要构件或主要节点	仅含 a_u 级	不含 c_u、d_u 级	不含 d_u 级	含 d_u 级
一般构件或连接或节点	不含 c_u、d_u 级	不含 d_u 级	—	—

12.6　检测鉴定报告

12.6.1　检测部分的要求

检测报告应给出所检测项目的评定结论,是否符合设计文件要求或相应验收规范的规定,并能为结构的鉴定提供可靠的依据。

检测报告应结论准确、用词规范、文字简练,对于当事方容易混淆的术语和概念可书面予以解释。

12.6.2　鉴定部分的要求

鉴定报告应列出所有不满足鉴定标准要求的构件,对其不满足鉴定标准的原因进行准确表述,并提出有针对性的处理建议。

鉴定报告应做到条理清晰,依据规范准确,结论可靠,建议合理。

12.6.3　鉴定报告内容

(1)委托单位;

(2)工程概况,包括项目名称、结构类型、规模、施工日期及现状;

(3)现场检测日期;

(4)检测目的、范围和内容;

(5)检测依据,包括技术标准和委托方提供的参考资料;

(6)检测设备;

(7)检测项次、抽样方案;

(8)检测项次的主要分类检测数据和汇总结果;

(9)结论与建议,是鉴定工作的最终目的和成果;

(10)附件,应包括检测鉴定的过程内容或者技术资料,如测点图、现场照片、原始数据记录表、试验报告等,作为鉴定过程的辅助资料,供报告使用者查阅。

13　BIM 运维系统

13.1　雨棚运维工作问题分析

13.1.1　工作现状

目前,全国共有超过 5 000 个铁路车站,且越来越多站台雨棚的铁路建筑大量采用钢结构形式。铁路站台雨棚建筑属于人员密集场所,长时间保持着巨大的客流量,这一类特殊且重要的公共建筑,确保结构在使用过程中的安全性尤为重要。

钢结构建筑的安全使用不仅依赖于设计时足够的安全系数以及制作安装时的质量保证,同时也依赖于使用过程中的检测维护工作。在钢结构的使用过程中,如不进行适时的检测鉴定,就很难甚至不能及时发现结构出现的损伤、变形、性能退化甚至工作状态的变化,也就不能及时发现可能出现的结构状态异常情况和预警可能出现的工程事故。尤其对于铁路建筑,一旦工程事故发生,造成的生命财产损失将不可估量。因此,铁路钢结构日常巡检和维修工作在保障结构安全性方面尤为重要。目前,各铁路段火车站要求每 3~5 年对各铁路车站结构进行一次全面结构检测鉴定。但是,由于使用功能的特殊性,铁路站房每天不间断运转,高速铁路站房仅在夜间暂停运行,因此留给工作人员巡检的时间、检测人员检测的时间非常有限。此外,铁路电力牵引供电系统等铁路特殊设施在检测时,必须断电方可进行。检测和维修工作需在天窗点时间段方可进行。天窗点的申请涉及多个铁路站房管理部门,协调工作需重点进行。一次检测工作的工期被每次 2~3 h 的天窗点时间段分割,导致每次进行检测都要重复准备工作等,整体工期被迫拉长。

13.1.2　存在问题

从上述内容可以看出,传统的检修维护工作模式有效率低、成本高、信息化程度低等一系列问题。具体主要体现在:

1. 检测信息可视化程度低

首先,传统的检修维护资料主要包括建筑和结构二维平面和立面图纸、统计表单、检测鉴定报告等,检测人员在现场检测中发现的问题通常只能以文字和照片的形式记录,现场问题和检测结果不够直观。目前,铁路建筑的检修维护原始资料多为纸质形式,很容易出现破损和丢失情况。

其次,由于既有钢结构图纸的专业性,因此,缺乏一定结构专业知识的日常巡检工作人员很容易不理解已有的检测鉴定记录,造成理解错误。

此外,由于检修维护工作的长期性,每次检测工作和记录的重复性,在上述传统的检修维护资料中将存在大量重复信息,造成纸质的资料数量庞大不易查阅,大大降低了资料查阅的效率。

可见,这种由二维平面图纸和统计表单构成的检修维护资料,很难直观反映出铁路建筑运行的整体状态,信息准确度低,查阅反应周期长,无法适应铁路站房对检修维护决策速度的要求,降低了检修维护工作的效率。

2. 检测信息集成化程度低

首先,既有钢结构的检测鉴定包括建筑结构平面尺寸复核、构件截面尺寸复核、结构和构件变形、材料性能、涂层等多项工作,在以图纸和表单的记录形式下,检测结果非常零散。且对于铁路建筑钢结构,一次检测项目包括结构主体、围护结构和附属结构等不同专业的检测信息,在传统的记录形式下,检测记录相互独立;而围护结构、附属结构同主结构的空间位置关系密不可分,导致现有的信息记录形式无法做到信息集成化。

其次,每次检测鉴定结果和结论的文档和图纸资料均分别保存,各次检测报告之间存在大量重复信息,可读性不强。

3. 结构信息缺乏一致性和连续性

铁路建筑从设计、建设到运营各阶段的结构信息缺乏一致性和连续性。在对铁路建筑结构检测过程中发现,现有的铁路运营单位,很少保存结构的设计和施工资料,这是传统的建筑交付方式决定的。在传统的交付方式下,建筑的运行维护阶段与设计施工阶段分时段开展,负责运行维护的单位只负责竣工验收,建筑基础数据无法完整有效地转换成运行维护信息。这样,每次检测鉴定均需要对建筑结构的历史资料的查阅与确认,这将花费大量时间。

因此,这类由于信息壁垒造成的不同部门间信息交流不畅,项目范围难以把控等问题导致检修维护效率难以提升。

13.2　BIM 技术含义

本项目拟考虑建立 BIM 运维系统,充分发挥 BIM 可视化、参数化、数据共享和继承等优势,解决上述铁路站台雨棚钢结构运维工作的问题。

BIM(building information modeling)技术的核心是建筑信息,旨在将建筑规划、设计、施工、运营和维护中产生的各种信息集成于一个三维模型信息数据库中。随着大家对 BIM 理解加深和需求变化,现在的 BIM 技术更倾向于信息管理,BIM 技术具有如下特点:

(1)可视化

BIM 脱离平面图纸的信息传递模式,将具象化的三维空间可视化模型直接作为信息传递的载体,使信息传递直接高效,减少信息错误或丢失,更丰富了信息的表达形式,提供了信息互动和反馈的可行性。

(2)信息共享

BIM 是一个共享的信息资源,设计团队、施工单位、业主和运营团队及检测等各类不同利益相关方可以基于同一个 BIM 模型提取和更新信息,以完成各自职责下的协同作业,有效畅通信息共享渠道、提高工作效率、节约资源和成本。共享的信息包括但不局限于几何信息、物理和力学信息、环境条件、功能需求及各类参与方产生的关键数据信息。

(3)即时性

在工程建筑的生命周期内,数据信息的更新和发布时刻存在,而传统的文本交流形式不可避免地会出现信息滞后、沟通和技术交接成本高等弊端,阻碍了工程进度的顺利推进。BIM 技术将所有信息融合在一个三维模型信息库中,各利益方均可实时调取工程中的信息更新情况,并在第一时间作出合理部署(图 13-1)。

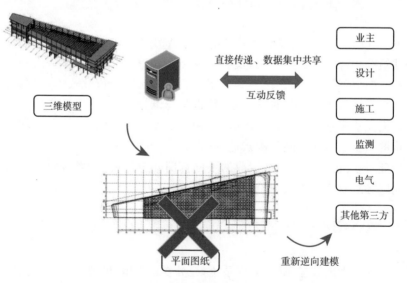

图 13-1　BIM 三维模型信息库与传统文本交流形式的对比

13.3　BIM 运维系统功能分析

根据已有的对既有铁路建筑钢结构的检测鉴定经验,梳理检测鉴定流程和日常检修维护流程。区分 BIM 系统面对的客户类别——运行维护、检测鉴定、管理等人员,分析各类客户对系统功能的需求。对各类客户进行需求分析时,按流程中各步骤在 BIM 系统的功能,总结各步骤需记录和存储的结构信息数据,并对信息参数进行划分,为既有铁路建筑钢结构检修维护信息数据库的建立搭建框架。

建筑结构的运营期检测是一个完整的技术过程,应实现结构从设计建造到运营维护全寿命周期的一体化检测服务。该检测服务将全过程信息搭载于 BIM 模型中,并针对前述的关键问题提供了以下服务内容:

(1)建维一体化检测服务平台

平台服务周期跨越施工过程检测和运营期健康检测,解决在统一的平台技术框架下的阶段转换问题,实现施工过程检测的终态与运营检测的初态数据自动对接。同时,平台下的传感器采用总体在施工阶段统一安装,局部在阶段转换时补充安装的服务策略。实现检测仪器跨阶段服务,解决大量仪器设备重复采购安装问题,也避免了运营期间的仪器设备大量安装对建筑功能运行的影响。

(2)检测数据的 BIM 可视化查询服务

遵循 BIM 应用的全息化和共享性技术原则,充分利用 BIM 三维全息模型进行检测数据的信息搭载。实现传感器与三维模型空间的相对坐标映射,不论在外业现场或内业均能快速定位传感器,以获取仪器设备状态、数量统计和检测数据。

(3)预警和评估结果实时共享

预警是指基于当前检测结果对下一阶段理论值的计算预测,能够提前一步了解结构在下一阶段的性态特征;评估是指基于当前已有的检测结果对结构的安全性进行阶段性评估。预警和评估的对象是直接物理量、构件节点指标及结构指标,利用 BIM 三维全息模型,将这三类指标与模型节点、构件和全局结构进行无缝衔接,指标的计算全过程在检测系统中自动完成,并第一时间同步在 BIM 模型中,用户可利用 BIM 模型直接查询与之相关的各类检测指标评估和预警结果。与此同时,检测平台还将定期自动发布阶段性检测报告,用户可在阶段结束或其他特定时间内第一时间获取检测评估和预警报告。

13. 4 信息集成

13. 4. 1 一体化检测运维平台

将全过程检测信息发布在 BIM 三维模型中。检测平台主要包含：

(1)系统及项目信息。用以查看项目基本概况和项目当前进度信息；

(2)检测指标。用以查看构件指标(如构件挠度等)及结构指标(如整体挠度、层间位移角等)；

(3)结果发布。可以查询项目进行中的历史异常报警信息和历史阶段的检测评估及预警报告；

(4)可以直接前往独立运行的网页 web 端检测平台,如图 13-2 所示。

(a) 登录页面

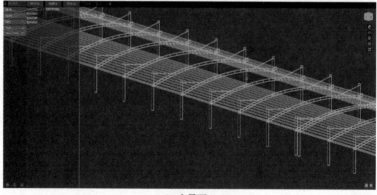

(b) 主界面

图 13-2　BIM 运维管理平台

13.4.2　可视化运维管理

BIM 三维模型中建立了构件或节点的三维图元,可通过拾取图元获取结构信息和检测数据。

13.4.3　预警和评估

检测平台的预警和评估信息模块如图 13-3 所示。

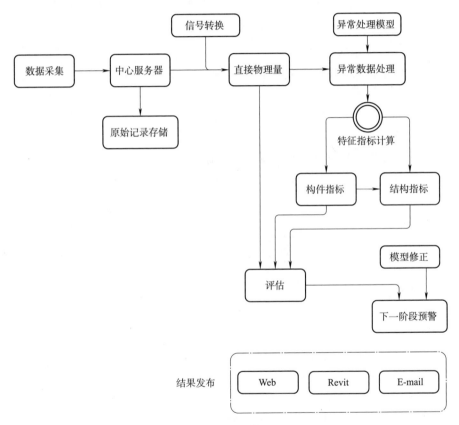

图 13-3　预警和评估信息管理

检测各阶段的评估包含以下三个内容:

(1)直接物理量。评估传感器直接测得的应力、位移等指标是否超过危险阈值;

(2)构件指标。传感器测量值经过错误数据的剔除和补偿后,利用结构力学分析方法获得用以评价截面、构件、节点的特征指标(包括内力、构件挠度、倾斜等），从而进行构件层次的安全性评估；

（3）结构指标。利用直接物理量和构件指标物理量进一步计算获得的结构层次的特征指标（包括整体挠度、层间位移角等）。

当发生施工阶段跨越或施工运营阶段转换时，将提取上一阶段终态数据并经由结构模型修正给出下一阶段的初值和阶段预测，并经由 BIM 检测信息平台发布。

13.4.4　信息安全

BIM 结构模型与检测数据分别部署在独立的中心服务器中，为保证数据的真实和安全性，采用如下方法：

（1）检测数据必须通过特定的授权链接才能访问，且在传输过程中进行了加密处理，保证了数据不被窃取；

（2）BIM 检测数据平台封锁了原始数据修改功能和接口，保证了数据的真实性；

（3）检测中涉及的原始数据采集、特征指标计算和评估预警均由系统自动完成操作，无人为干涉，保证了数据评估结果的有效性。

14 附　　件

14.1　材料强度检测手簿

钢材里氏硬度检测现场记录表

JC-编号

工程名称											
工程地址											
检测仪器:里氏硬度计						仪器型号及编号:					
检测日期:						温度:　　℃			湿度:　　%RH		

序号	构件编号	测区编号	实测值(HL)									HL$_m$ (HL)
			测点1	测点2	测点3	测点4	测点5	测点6	测点7	测点8	测点9	
1												
2												
3												
4												
5												
6												
7												
8												
9												
10												
11												
12												
备注												

检测:　　　　　　　　记录:　　　　　　　　复核:

14.2 尺寸检测手簿

尺寸检测现场记录表

JC-编号

工程名称						
工程地址						
检测仪器:卷尺、游标卡尺、测厚仪			仪器型号及编号:			
检测日期:			温度: ℃		湿度: %RH	
序号	构件编号	尺寸类型	实测1	实测2	实测3	平均值(mm)
1						
2						
3						
4						
5						
6						
7						
8						
9						
10						
11						
12						
13						
14						
15						
16						
17						
18						
19						
20						
备注						

检测: 记录: 复核:

14.3　涂层厚度检测手簿

防腐涂层厚度检测现场记录表
JC-编号

工程名称							
工程地址							
检测仪器:涂层测厚仪			仪器型号及编号:				
检测日期:			温度:　　℃		湿度:　　%RH		
序号	构件编号	测区编号	实测值(μm)				总平均值(μm)
			测点1	测点2	测点3	测区平均值	
1							
2							
3							
4							
5							
6							
7							
8							
9							
10							
11							
12							
13							
14							
15							
16							
17							
18							
19							
20							
备注							

检测:　　　　　记录:　　　　　复核:

14.4 轴线间距检测手簿

建筑轴线检测结果记录表

JS-编号

工程名称			类别	
工程地址			仪器型号	
检测仪器	全站仪		温度(℃)	
检测日期			湿度(%RH)	
序号	X 编号	Y 编号	X 坐标(m)	Y 坐标(m)
1				
2				
3				
4				
5				
6				
7				
8				
9				
10				
11				
12				
13				
14				
15				
16				
17				
18				
19				
20				
备注				

检测:　　　　　　　记录:　　　　　　　复核:

14.5 立柱倾斜检测手簿

柱倾斜检测结果计算表

JS-编号

工程名称								
工程地址								
检测仪器:全站仪			仪器型号:			仪器编号:		
检测日期:			温度:		℃	湿度:		%RH
柱倾斜检测结果(m)								
序号	柱编号	柱顶高程	上端面圆心			下端面圆心		
			坐标 X	坐标 Y	坐标 Z	坐标 X	坐标 Y	坐标 Z
1								
2								
3								
4								
5								
6								
7								
8								
9								
10								
11								
12								
13								
14								
15								
16								
17								
备注								

检测: 　　　　　　记录: 　　　　　　复核:

14.6 挠度检测手簿

构件挠度检测结果计算表
JS-编号

工程名称			类别					
工程地址								
检测仪器			仪器型号			仪器编号		
检测日期			温度(℃)			湿度(%RH)		
构件挠度检测结果(mm)								
序号	构件编号	测点位置	实测 X	实测 Y	实测 Z	跨度	挠度	挠跨比
1								
2								
3								
4								
5								
6								
7								
8								
9								
10								
11								
12								
13								
14								
15								
16								
17								
18								
19								
20								
备注								

检测：　　　　　　记录：　　　　　　复核：

参 考 文 献

[1] 罗永峰,叶智武,陈晓明,等.空间钢结构施工过程监测关键参数及测点布置研究[J].建筑结构学报,2014,35(11):108-115.

[2] 叶智武.大跨度空间钢结构施工过程分析及监测方法研究[D].上海:同济大学,2015.

[3] 中华人民共和国国家质量监督检验检疫总局,中国国家质量监督检验检疫总局.碳素结构钢:GB/T 700—2006[S].北京:中国标准出版社,2007.

[4] 国家市场监督管理总局,中国国家标准化管理委员会.低合金高强度结构钢:GB/T 1591—2018[S].北京:中国质检出版社,2018.

[5] 国家质量技术监督局.黑色金属硬度及强度换算值:GB/T 1172—1999[S].北京:中国标准出版社,2005.

[6] 江苏省住房和城乡建设厅.里氏硬度计现场检测建筑钢结构钢材抗拉强度技术规程:DB 32/T 4116—2011[S].南京:江苏科学技术出版社,2011.

[7] 国家市场监督管理总局,国家标准化管理委员会.金属材料　里氏硬度试验　第2部分:硬度计的检验与校准:GB/T 17394.2—2022[S].北京:中国标准出版社,2022.

[8] 中华人民共和国住房和城乡建设部.钢结构现场检测技术标准:GB/T 50621—2010[S].北京:中国建筑工业出版社,2010.

[9] 中华人民共和国住房和城乡建设部.工业建筑可靠性鉴定标准:GB 50144—2019[S].北京:中国计划出版社,2019.

[10] 中华人民共和国住房和城乡建设部.高耸与复杂钢结构检测与鉴定标准:GB 51008—2016[S].北京:中国计划出版社,2016.

[11] 上海市建设和交通委员会.钢结构检测与鉴定技术规程:DG/T J08-2011—2007[S].上海:上海市建筑建材业管理总站,2007.

[12] 中华人民共和国冶金工业部.钢结构检测评定及加固技术规程:YB 9257—1996[S].北京:冶金工业出版社,1997.

[13] 中华人民共和国住房和城乡建设部.民用建筑可靠性鉴定标准:GB 50292—2015[S].北京:中国计划出版社,2015.

[14] 中华人民共和国住房和城乡建设部.工业建筑可靠性鉴定标准:GB 50144—2019[S].北京:中国计划出版社,2019.

[15] 中华人民共和国住房和城乡建设部.建筑结构荷载规范:GB 50009—2012[S].北京:中国建筑工业出版社,2012.